大是文化

FBI

Louder Than Words:
Take Your Career from Average to Exceptional with the Hidden Power of Nonverbal Intelligence

教你讀心術 2

老闆、同事、客戶不說，
但你一定要看穿的非言語行為，
讓你的職涯從平凡變卓越。

30年資歷的FBI情報員
喬・納瓦羅 Joe Navarro
東妮・斯艾拉・波茵特
Toni Sciarra Poynter —— 合著

閻蕙群 —— 譯

獻給我的妻子Thryth

——喬・納瓦羅 Joe Navarro

獻給老爸

——東妮・斯艾拉・波茵特 T.S.P.

CONTENTS

Part 1 注意別人的、留心自己的

第1章 彈指或捧心的巨大影響力……031

第2章 這樣判讀，快又有效……053

第3章

讓他的身體說實話……073

Part 2 聰明運用非言語行為

第4章

用「樣子」展現「裡子」……129

第5章

第6章

第7章 縱橫職場的非言語行為技巧……229

第8章

處理你的、我的情緒問題⋯⋯⋯265

第9章 如何識破騙局？……289

結語 解決難言之隱，贏在行止之間……307

推薦序

掌握職場讀心術，讓對方願意與我們自在的溝通

激勵達人、《公關達人教你職場讀心術》作者／鄭匡宇

延續《FBI教你讀心術》的精神，這本《FBI教你讀心術2》將重點放在與每位職場人息息相關的辦公室、會議場合與商務拓展這幾個場景，讓你也能像FBI探員一樣，一眼看穿人心，並做出相應的適當作為。

其中，作者特別提到，要迅速判斷眼前這個人是否說的是真話，以及他這句話和當下舉止背後，是否有「貓膩」的最佳判別標準，就在於對方表現出來的是「自在」還是「不安」？如果很自在，例如身體是很放鬆的面向你，那麼往往表示對方說的是實話，或話語與其背後的想法一致；但如果對方不自覺的眨眼、腳朝向出口或側身，那可能就代表他「話中有話」、「言不由衷」。這時調整自己的說話方式，或藉由設計過的問題，讓對方願意開誠布公的與我們自在的溝通，就是良好溝通者必須擁有的觀察力與應變力。

而作者也不斷強調，在辦公室與商業場合中，合宜的外型打扮永遠是最重要的第一

步，它不僅能展現你的專業，還透露出你對於這份工作的尊重，這樣的態度直接影響對方相信你說出來的每一句話的意願，以及對方願意和你溝通的態度。唯有兩個人都在同一頻率上，才能真正做好溝通，也讓你們希望推進的計畫順利展開。

而在實際操作上，作者又提供了兩個絕佳的做法。第一個是如果你是一個**職場菜鳥**，那麼儘管心理素質還不夠，**卻能透過「精心打扮」與「刻意做出來的行為舉止」，讓你和職場老鳥一樣，讓人感受到專業與信任**，進而願意與你進一步洽談；同時，在與對方進行商務洽談時，還可以運用「同步」的技巧，也就是重複對方說過的話，瞬間讓對方覺得你與他很契合、想法與他一致、以及很會抓重點……這都能讓你的商務技巧大為提升，並且與客戶建立長久堅定的情誼。

或許有人認為，讀心術是一種很可怕的能力，好像隨時都能「操弄他人」，但我反而覺得，透過了解讀心術，**我們能先「操控自己」**，讓自己在特定的時間地點、針對特定的人，**表現出該有的行為舉止，說出恰如其分的話語，並引導對方也做出適當的回應**，讓事情能順利進行下去。這不正是溝通的目的嗎？

本書除了理論與實例，還搭配了照片圖解，讓你能一目瞭然，在最短時間掌握職場讀心術的精華。相信你在讀了這本書並實際操作後，能成為厲害的讀心高手、職場達人！

好評推薦

知己知彼，百戰百勝——腳的方向、眨眼次數都有可能扭轉你的人生！別擔心，這本書能幫你快速理解生活周遭的人所釋放出來的訊息，讓你在各種場合做出正確的判斷！

——知名藝人／李懿

當我看完這本書時，才發現很多事也許在我們說話前，都已經決定好了，只是我們沒有看出來。

——溝通表達培訓師／張忘形

知人知面不知心，這本書能幫助你透過觀察小細節，摸透人心的蛛絲馬跡。

——閱讀人社群主編／鄭俊德

FBI教你讀心術2
LOUDER THAN WORDS

人生必備的一本溝通書，讓你完全理解從讀透別人到改變別人，以產生巨大影響力的技巧。

——創新管理實戰研究中心執行長／劉恭甫

本書原文名「Louder Than Words」提醒了我們，身體透露的資訊時常比你想的還要多。這些學校沒教的nonverbal intelligence（非語言智商、非言語行為判讀能力），你都能在這本書裡面學到。

——臨床心理師／蘇益賢

態度表達了千言萬語——我曾遇過學生來公司面試，離開前他問我：「主管說公司沒有強制的服裝規定，那我應該怎麼穿？」我回答：「穿出什麼樣子，代表你對這個工作的態度。」態度決定了你是否能成功，什麼樣子能獲得成功的態度？這本書會告訴你。

——利眾公關顧問集團董事長／嚴曉翠

（依姓名筆畫排序）

代序
目睹，納瓦羅到底多厲害

大是文化總經理／陳絜吾

過去FBI讀心術大師納瓦羅來臺灣演講時，我運氣不錯，有機會可以跟他同桌吃飯。那天晚上我搞懂了，要怎麼做才能跟人家聊不停，從陌生人變成朋友。不過讓我明白這道理的，不只是納瓦羅本人，主要是當時在場同事的一些「準備」。

之前我們和納瓦羅從未碰面，也沒講過電話，只用電子郵件往來了幾次。於是當天晚上我準備了很多話，要向他介紹我們公司、我們的同事……但是，一頓晚飯有三小時，我們怎麼可能用這種報告的方式，滔滔不絕的三小時聊不停？

聽完「簡報」的納瓦羅，實在很難對一群陌生人經營的陌生公司發表評論，場面突然冷了一分鐘，我們只好開始勸菜，請他帶頭開動。

原來，讓場面熱絡聊不停的關鍵，不在於自己準備很多話題，然後自顧自的嘰哩呱啦下去。**開口聊天的第一步，是「打開眼睛」，觀察。**

包廂不大，我們原本讓納瓦羅坐在離門口比較近的位置（他書上面這樣寫，表示對客人來去自由的尊重，同時也方便他點手推車裡的廣式點心），但是他笑著說：「你知道嗎？有經驗的探員，都喜歡背靠著牆坐，這樣比較安全。」

同事注意到他拿筷子的姿勢，比我們在座所有的臺灣華人都標準，於是問他是否經常吃中國菜？曾經去過中國嗎？第幾次來臺灣？有沒有逛過臺北的夜市？晚上有跑去夜店嗎？知道他投宿的喜來登飯店的故事嗎？同事甚至問了他，為什麼會跑去應徵FBI的工作？

說起他自己的故事，納瓦羅更來勁了。他說，他高中畢業之後，並沒有去「應徵」FBI，而是在幹校警，這不是保全，而是轄區就是大學校園的警察。後來有一天，FBI的人主動找上他，問他想不想加入？他加入FBI的時候年僅二十一歲，是FBI有始以來第二年輕的探員，最年輕的探員出現在二次世界大戰期間，當時局裡頭找不到人，二十四、五歲的都上戰場了。

為什麼主動找上他？納瓦羅說他也不知道，大概是因為美國大學校園都是開放的，陌生人來來往往，而他很善於觀察人，從外表就很能判斷對方是否意圖不軌，而FBI聽說了他這種本事。

同事聽他這樣講，立刻問：「那麼，我們已經認識一個鐘頭了，你能不能發揮讀心術

代序

目睹，納瓦羅到底多厲害

的本領，說說看你覺得我們這些人有什麼性格特質？」

接下來，納瓦羅發揮了驚人的本領。他一個個描述我們在座的人，每個人都用三個英文字形容，然後用一句話把這三個字貫串起來。例如，他用intelligent、adventure、fun描述一個人，然後說：「你並不是一直同時呈現這三種個性，而是有意識的在這三者之間遊走。」他描述另一位同事是個「很用心讓場面熱絡、希望所有人都開心」的人；說另一個人是「凡事總會顧慮風險（risk）、大量思考之後才開口、決定心意之後敢冒大險」。他的描述方式，征服了所有人。

他在短短的時間之內觀察、聆聽了七個陌生人，然後準確的看見七個人的特質，接著演出一場讓我們終身難忘的讀心術。**他沒有不停說話，但我們全都豎起耳朵聽**。

那天晚上我們整晚聊不停，如果不是時差加上疲勞，我們根本不想「放」納瓦羅回飯店休息。

前言
事業成功的必備武器

想像一下：你能透視別人的想法，看穿別人的感受或意圖；你能夠強而有力的說服別人、影響別人；你不必等別人說出口，就能看出對方介意且不認同的事情；你能夠提升別人對你的評價，展現自信、威望與同理心。

這一切不會僅止於想像，因為我在這本書中要探討的，就是真正了解別人的能力。一個人如果擁有信心與同理心，又能夠洞悉別人的想法，肯定能無往不利。

其實我們每個人天生就擁有非凡的洞察力與影響力，也都有成就大事的潛能，本書將要教大家如何開發這個人人皆有，卻只有極少數人懂得運用的天賦才能：威力強大的**非言語行為判讀能力**（nonverbal intelligence）。

我們身處的這個世界，一直透過非言語的方式在溝通，一個人的肢體動作、臉部表情、說話方式、情緒表達、衣著打扮、偏好事物，以及有意或無意間表現出來的行為和態度——甚至是周遭的環境——全都以非言語的方式在溝通。

我在本書中要告訴你的判讀技巧，能讓我們流暢且專注的詮釋與運用「非言語行為」——一種人類的共通語言。它就像功能強大的電腦程式，但大多數人往往只用到其中幾項功能，其他很多極具價值的功能卻被閒置，而那些功能卻都是可以增進溝通效果和達到目標的好工具。此外，判讀非言語行為的技巧就像任何一種軟體，必須有人啟動、執行與定期升級，並透過使用而精益求精。我將在本書中，教各位全盤了解非言語行為判讀技術，讓你擁有更棒的專業技能與更開心的個人生活。

瞬間判斷、助你成功的利器

我們每個人都曾在工作上遇過生產力低落、充滿挫折或令人火冒三丈的情況，所以大家應該都很清楚那是什麼滋味。不過其實問題很可能與不恰當的非言語行為有關：包括與客戶握手的方式、接待新客戶的方式、說話的速度、與人相處的態度，甚至連公司網站的措詞用字與圖像，都會有影響。

你稍後將會學到，人們對於非言語行為所做的「瞬間判斷」——非常快速的評斷或印象——總是會加強、或是破壞你所付出的努力。**我將會教各位如何運用這些判斷，正確的**

蒐集到對方的資訊：對方的配合度、為人固執還是很有彈性，以及是否值得你花心思在他們身上。

你還將會學到如何運用非言語行為，替自己在組織中建立一席之地，並讓自己成為升職加薪的熱門人選。我們每一天都有無數次獲得加分或是被扣分的機會，**如果你學會了判讀技巧，就能解讀客戶、同事與上級長官的心思，並正確判斷狀況的好或壞。**你也將學會如何運用判讀技巧領導部屬，並打造一個能夠吸引一流人才的成功環境。只要把這一套影響人們觀感的絕技應用自如，就可確保你在目前的工作中步步高升，即使另謀高就亦能繼續受到重用。各位也將學到哪些非言語行為會影響大眾對企業的觀感，而企業又該如何向大眾傳送正確的訊息以改善形象。

從非言語行為判斷性格

我從小就發現非言語行為的重要性，當時我與家人從古巴移民到美國，年方八歲的我完全不會說英語，卻要硬著頭皮應付新的生活、上學、試著交到朋友，並搞清楚在這個新祖國遇到的每件事。**要了解這個新世界的唯一方法，就是仔細觀察別人的臉和身體在「說什麼」，從中找出他們在想什麼以及感覺如何。**

幼年時為了生存所做的種種努力，日後卻變成我這一輩子的研究與工作，**我在聯邦調查局（FBI）學會如何快速且正確的判斷各種行為的意義**，然後採取適當的行動——有時候甚至是生死交關的救命行動。此外，我所做的判斷必須有科學的根據，這樣才能通過司法單位的檢驗，這些就是我想教給各位的。

非言語行為和一般人心裡頭的刻板印象大不同：「手臂交叉代表緊張；說話時眼睛向左瞄，代表此人在說謊。」其實，以上兩種觀點都不正確，而且都只反映出非言語行為中的一小部分而已。

在人生的每個階段，不論是童年期、戀愛期還是就業期，我們都會收到大量的影像、圖騰、符號象徵、動作以及行為，以非言語的方式傳達人們的概念、想法、訊息與情緒。我們自己也會利用這些非言語行為，來引起別人的注意、強調我們自己覺得重要的事情、讓我們所說的話能擴大影響力，並表達出語言所無法表達的事情。

怎麼說比說什麼還重要

即使是口語溝通，當中還是有非言語的成分：口氣、態度、音量、抑揚頓挫、說話時間的長短，以及說話時的停頓與沉默，這些因素也都跟說話的內容一樣重要。

前言
事業成功的必備武器

以商務場合為例，會議或演講場地其建築物的整體景觀——它的式樣、藝術品裝飾、燈光設計——全都是非言語溝通程序的一部分，顏色當然也是非言語溝通過程中的一環。其他一些看似不重要的元素，例如接待櫃檯的位置、警衛人員是站著還是坐著值勤，這些事情也都會向大眾傳遞某些訊息。

至於個人方面，大家都知道，**我們的動作、表情及衣著，都在「告訴」別人一些關於我們個人的訊息**。此外，我們的裝扮、身上是否有打洞或刺青，以及站或坐的姿勢與身體的傾斜程度，這些非言語行為也都會散發出強烈的訊息。以上所有因素不但決定了別人如何看待我們，也會洩露我們的感受、想法和意圖。

即使是像揹背包或是提公事包之類看似微不足道的小細節，也具有重大意義，個中道理，就和你從名片可以看出對方的一些資訊是一樣的。

做簡報時的投影片決定採用什麼顏色；網站的速度與網頁的設計；公司的服裝規定，以及是否能在週五穿休閒服上班；上班時是否須配戴代表公司的小型徽章；辦公桌是整齊還是凌亂；以及你每天幾點進辦公室——這些非言語行為，都不斷向大眾說明你與你們公司的狀況。

至於態度、氣質、從容、謙遜與管理風格……這些無形的人格特質，也都是非言語行為，如果你是擔任領導的職位，這些特質的重要性就更不容小覷。

各位可以從政壇領導人的身上，看到他們有多擅長非言語溝通，**當我們讚賞這些人的自信、魅力、遠見、同理心與領導力時，其實就是在稱許他們的非言語行為**。業界龍頭更是對於形象、品牌、月暈效應、顧客忠誠度、吸引力、客服、影響以及回應顧客要求之類的非言語行為，力求做到正確無誤。

從普通變成卓越

我總是抱持著一股敬畏之情，不斷觀察、研究與學習非言語行為的力量，因為它們會展現出我們的真面目。我曾親眼目睹一些好人因為錯過了非言語行為所發出的訊號，結果沒能獲得明明該到手的成功、幸福或安全。我曾是FBI探員，也做過反恐特警組（S.W.A.T.）指揮官，看多了生存或死亡、無罪或下獄、成功或慘敗的戲碼；而且，我不是在實驗室裡做研究，而是在高度危險的真實生活中反覆驗證，讓我得以分析及分類人類的行為，明白哪些行為有助我們變得卓越與成功，哪些則會害我們變得平庸與失敗。

雖然我已從FBI退休，但非言語行為的無所不在與矛盾現象卻仍令我驚奇不已。一般人常忽略非言語行為，可是它們卻在很多方面放大我們的言行，且幾乎無法加以定義；它們普遍存在於所有人類之中，但蘊涵的影響力卻罕為人知。所有的人都了解它們，卻只

前言
事業成功的必備武器

有極少數登峰造極的成功人士才懂得積極運用它們。有的非言語行為細微如眼皮的抖動，卻擁有能夠扭轉乾坤的驚人力量，足證非言語行為所發出來的「聲響」，遠遠大過我們嘴巴說出來的話。

正確展現非言語行為，就能夠把我們的行動、言語、想法和抱負畫成一個完整的大圓，並把其他人帶進這個圓圈裡，大家彼此互助合作。適當的非言語行為能令人們互信、互敬、自在與充滿生產力，讓大家團結而不分裂、合作而不對立，引出每個人最好的一面而令全體都受益。這也就是為什麼我說：「非言語行為判讀技巧，是事業成功必備的終極武器。」

我要特別感謝哈佛商學院的賀爾教授（Brian J. Hall），是他啟發了我產生寫作這本書的動機。

（編按：多年前，賀爾教授邀請本書作者納瓦羅到哈佛商學院演講。一開始是一學期一次，一次九十分鐘。結果大受好評，變成每個學期四次。這些針對哈佛商學院學生的講座內容，後來逐漸發展成為本書。）

Part I

注意别人的、留心自己的

第1章

彈指或捧心的巨大影響力

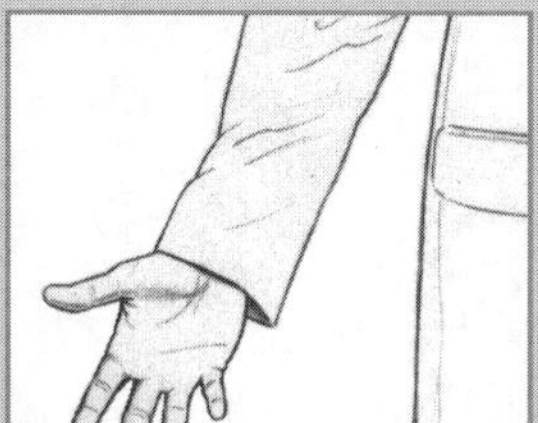

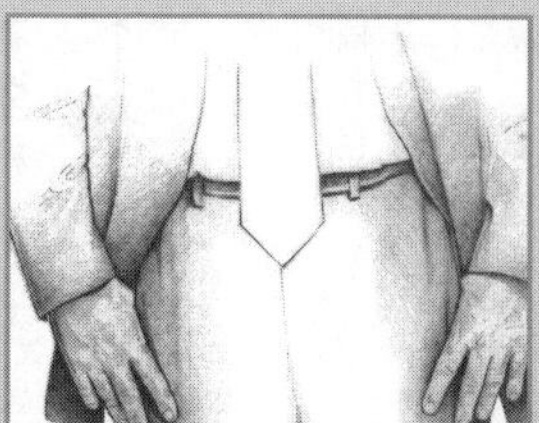

你跟兩位財務專員約好碰面，打算見過面後委任其中一人擔任你的投資顧問，幫你把辛苦賺來的錢做最棒的運用。當你抵達第一家公司時，發現大樓入口處的樹叢似乎該修剪了，公司玻璃門上布滿了指印。

你走到大樓保全的櫃檯，警衛把來賓登記簿推向你，你知道自己該做什麼：簽上名字，自動奉上證件，等放行的通知後就可以上樓了。警衛會告訴你上樓的電梯在哪。

上樓後你看到接待櫃檯，總機小姐正忙著接聽來電，你抓準她接電話的空檔快速報上自己的名字和來意，她用手示意你先找張椅子坐下來等，你從咖啡桌上的一疊雜誌中順手拿起一本來消磨時間。

你被「晾」在那邊等了約莫十分鐘，正打算問接待小姐洗手間在哪裡，你約的理財顧問剛好現身，他的衣袖捲起，領帶也鬆開了，看來一早就忙得不可開交。你們很快的握手後，他便帶你走進他的辦公室細談。

辦公室裡的電話鈴聲響個不停，他趕緊抓起電話，並示意你找張椅子坐下來。你坐下後，他還在講電話，你的眼光只好四處打量這辦公室，還得刻意不去聽對方的談話內容，最後他終於掛下電話，你們也開始進入正題。

接著你前往第二家公司，這裡的玻璃門一塵不染，牆壁像是剛粉刷裝修過，整個環境看起來賞心悅目。

第一章
彈指或捧心的巨大影響力

一走近保全櫃檯，對方就向你表示他們已恭候大駕，原來你的名字早就列在訪客名單上，你把證件給對方看了一眼後，就進了上樓的電梯。

上樓後，你看到接待櫃檯的小姐正在接電話，她趕緊結束談話並放下話筒，然後很有禮貌的對你說：「早安，請問您找誰？」

你報上姓名和來意，她請你坐在一旁稍待，並立刻通知理財顧問說客人已經來了，你找個位子坐下並隨手翻閱放在咖啡桌上的公司簡介。

不到五分鐘，你約的顧問就現身了，他邊走邊扣上西裝外套的釦子，臉上浮現溫暖的笑容，跟你握手的勁道強而有力，他請你移步到他的辦公室詳談。

辦公室裡擺了好幾張椅子，他請你自己挑一張最舒適的椅子就坐，你很意外的看到你最愛喝的飲料已經準備好了。你這才想起來之前有一通確認今天會面的電話，對方曾問你喜歡喝什麼飲料。這會兒一切準備就緒，你們開始進入正題。

我想現在問題的答案應該很明顯了：當其他的變數都差不多時，你會決定把積蓄託付給哪一家公司的理財專員代為管理呢？

各位要注意的是，在前述的場景中，會影響你最後決定的每一項因素，都是透過非言語表達的，包括：

・公司所在地點的外觀。
・保全人員的辦事效率和待客禮節。
・是否有人出面接待你或指引你。
・接待小姐是否專心接待你（時間、目視、問候）。
・對方提供什麼樣的刊物供你閱讀。
・你等了多久。
・與你會面的人是否注意他的儀容。
・對方的走路姿勢和握手力道。
・對方是與你並肩同行還是在前面帶路。
・對方是否在意你的舒適感覺（就坐、提供食物）。
・對方專心接待你還是忙著接電話。

或許有人會認為這些理由都很表面，不過我想請各位回想一下，上回你是為了什麼原因，而決定不再跟某人做生意？通常都是一些微不足道的小事情，但日子久了卻逐漸造成傷害：譬如對方不回電話、不回電子郵件、習慣性的遲到，或是跟我們接觸的人令我們感到不愉快：總是一副神色匆匆的樣子、做事沒有條理，或是比較重視別的客戶。

這些「很表面」的小事情日積月累，終於摧毀了企業的商譽和彼此的信賴，使得原本融洽的關係不得不畫上休止符。

通常我們總是等到合約到期要重新續約、調漲價格、競爭對手打電話提供十分誘人的條件，或是對方犯下了一個代價十分昂貴的錯誤——好比剛剛提過的那些「小事」，我們才意識到跟某人做生意實在很不划算。

第一章
彈指或捧心的巨大影響力

永不間斷的瞬間判斷

人類的大腦熱愛學習，所以腦容量很大，而且非常忙碌。人的身體極度欠缺防禦工具，好比堅硬的外殼、尖利的爪子、尖銳的嘴、能高飛的翅膀、有毒的尖牙、能迅速逃命的飛毛腿，於是人類必須仰賴敏捷的思考：快速判斷情勢的能力，讓我們根據印象採取果斷的行動，從發生的每一件事學到知識，並記住我們學會的事物。我們四處走動時，「雷達」永遠是開啟的，**世界不停透過我們的感官跟我們「說話」，散發出一道源源不絕的印象流，我們則不斷評估那些印象代表什麼意義。**

我們心中的很多印象都是透過意識來接收和評估：好比我們發現某個人長得很好看，於是便靠近對方，想再多看一眼；我們聞到了剛出爐麵包的香味，很想嘗嘗它的味道；我們聽到老闆叫我們的名字，會馬上過去請問他有什麼事。

另外一些印象則是透過潛意識來接收及評估：我們看到一輛車衝過來，會不由自主的閃到一旁以避開危險；當某個人站得離我們太近時，我們的身體會朝旁邊挪動；我們察覺到某個人的行為或神情有異時，會趕緊離開。

簡言之，**我們會根據極其有限的訊息不斷做出決定——而且是在極短的時間內，這就是所謂的「瞬間判斷」**（thin slice assessment）。

一九九〇年代，有專家開始研究這種瞬間判斷的能力，發現人只要花幾秒鐘的時間看某人的照片，就能夠很快的做出判斷。其實不只如此，我們在日常生活中所做的許多決策——譬如跟誰交往？金錢如何投資？——都是根據我們潛意識中不斷湧出的殘餘認知提示而做成的。這份認知無所不在，而且會避開邏輯思考，在我們未加注意的情況下發揮作用，主宰我們的看法。

「瞬間判斷」賦予我們不尋常的洞察力，能夠看穿別人的心思，且明白我們對對方的感受、對方是否值得信賴，以及對方對我們的感覺。而我們在這極短瞬間所蒐集到的資訊，大多數都是來自非言語的行為。

第一章
彈指或捧心的巨大影響力

不能視若無睹的跡象

我撰寫本書的目的，是**想告訴大家一個最簡單的成功祕訣**：我要教大家如何在職場上影響別人、解讀別人發出的非言語訊息，並立刻明白別人的行動與心思。

人總是不斷用身體在說話

非言語行為是由各式各樣的動作和姿勢組成，有像眼皮抖動那樣細微不易察覺的表情，也有像芭蕾舞者揮動手臂之類的大動作。一般人普遍對於某些特定的肢體動作做了錯誤的解讀，而解讀人類行為的行業則淪為跑江湖賣膏藥的騙人把戲。你將會在往後的章節中，陸續學到專家如何解讀非言語行為，那也是我在FBI的工作。各位將會學到解讀肢體語言——人體在商務會議以及日常生活中不斷「訴說的話」——的大量知識，各位也將學會，肢體語言只不過是非言語溝通中的一部分而已。

人一定是以貌取人

有件事實在很有趣：我們總是公開宣稱自己不注重外表，私底下卻對所有跟外貌有關的事情沉迷不已（隨時跟上潮流時尚；狂買抗老化產品；擔心自己看起來很胖；愛聊某人的整型八卦；愛讀評論名人穿著品味的報導）。不過，如果各位明白外表乃是非口語溝通的一種形式時，就會了解這種看似矛盾的執著其實是有道理的。

我們大腦負責處理視覺資訊的視覺皮層是很大的，它之所以會演化成為大腦的核心部分，是基於生存與美感這兩大因素，我們不只會注意到有個不修邊幅的傢伙離我們的車子太近，也會看到站在香水櫃檯後方的那位美女。**我們一直在觀察別人的穿著打扮，而且會根據我們所看到的形象，決定我們要加入哪一邊**，很多人甚至一看到八卦週刊正在吹捧某位名人的打扮，便爭相模仿所謂的「最新時尚」。

人類對於美貌的偏好是與生俱來的，且每個文化皆欣賞美貌、健康、青春、美感與對稱，所以我們只能把這種現象解釋為演化上的必要。現在已從研究中得知，就連小嬰兒也懂得欣賞美麗的事物，譬如小嬰兒看到美麗的對稱臉孔就會微笑，而且瞳孔會自然放大，為的是想要多看一點（我十三歲時，曾在邁阿密某飯店遇到女貓王安．瑪格麗特〔Ann Margret〕，我驚訝的簡直不能呼吸。我敢打賭，當時我的瞳孔一定也變大了）。

同樣的，我們也會震懾於體格之美，這也就是為什麼夜店的保鑣通常個頭都很魁梧，而且我們天生就對身高有種憧憬，這也說明了為什麼領袖人物通常都比一般人來得高些。

專家早就對外表的好處做過深入的研究，並且將它稱之為「美貌紅利」（beauty dividend）。**經濟學家發現外貌好看的人比較容易被僱用和升遷，所以通常賺比較多，企**

業也同樣受惠於美貌紅利，外貌俊俏的工作團隊會替公司帶來更多的營收。廣告業更是早就見識到美貌的威力，所以，漂亮的臉蛋總是跟賣得最好的美容產品，或是任何一項廣告商品連結在一起。

雖然把焦點放在外表不是件公平的事，但人性就是如此，**如果你想成為一位解讀非言語行為的高手，就得留意你自己以及別人如何打理外表，**稍後我將在第五章探討如何管理我們的儀表。

說什麼、怎麼說？

我們說話的方法不但會改變別人對我們的看法，也會影響我們與他人溝通的效果。各位或許未曾想過，說出口的話跟非言語溝通會有什麼關聯？但兩者確實有關係。**要緊的並不在於我們說了什麼，而是在於我們怎麼說。**雖然話是由文字組成，卻也跟我們講話時的態度、口氣、音量、速度、語調、遲疑、停頓有關，甚至還包括我們在什麼時候說話，又是在什麼時候沉默不語。

說話喋喋不休或高談闊論的人，之所以留給別人負面印象，並非因為他們說話的內容，而是因為他們說話的方式造成別人反感；反之，我們會欣賞說話謹慎的人，因為他們

彼得大帝讓人民先換衣服、再換腦袋

在 1682 至 1725 年間擔任俄國沙皇的彼得大帝，曾花了幾年的時間遊歷西歐各國，發現俄國不論是思想還是風俗習慣，都落後其他國家一大截。他認為，要改變俄國人在面對西方人時的心態，必須先將俄國百姓徹底改頭換面。

他率先從俄國權貴階級著手，藉以當作其他人民的榜樣。他要求這些人剪短頭髮和剃鬍子（你可以參考希臘正教的神職人員，來想像當時俄國人的裝扮），並脫下俄式長袍改穿西洋的服飾（例如長褲）。這是因為他曾在西歐的造船廠待過，所以知道長褲更適於行動，而且他希望俄國人能跟西方人一樣，具有創新能力與生產力。

為了讓每個人都能了解他的想法，莫斯科的城門上都貼了一張理想衣著圖供大家參考，如果有人違反最新的服飾規定會被罰款。沒多久大家就發現，沙皇的命令可不是鬧著玩的，拒不從命者，即使是權貴人士，也會被逮捕下獄及強制剃掉鬍子，所以大家都不敢再違抗。

彼得大帝就是這樣，藉著改變百姓的衣著與外貌來改變他的子民。當俄國人開始改變自己的外貌時，他們的思考方式也跟著變了。

只花了五年的時間，來自歐洲的訪客就發現，俄國人不只衣著改了，就連想法也變了，這是彼得大帝為了追求西化，以及爭取世人對俄國人的尊敬，必須先做的事。

彼得大帝還明白，西方擁有兩大權力象徵：強大的海軍與實力雄厚的城市，所以在俄國人民有了新思維之後，彼得

（接下頁）

大帝便開始積極追求這兩者。他打造了一支強大的海軍（時至今日仍是世界上第二強），並把首都從莫斯科遷往聖彼得堡，往後兩百年，聖彼得堡一直是俄國的政治與文化中心。

只不過一個世代的時間，俄國便從沒沒無聞的龍套，一躍成為全球舞臺上的要角，這全都是拜彼得大帝的高瞻遠矚之賜。

彼得大帝的改革證明了一件事：要獲得了不起的成就，你必須換個方式思考，而為了要達到這個目的，你必須先改變人民看待自己的方式。

讓人感到放心，不過講話速度太慢又會讓人感到不耐煩。

以上只是說話時的幾種非言語行為而已，各位稍後將會明白，除了說話的內容之外，其他還有很多因素會提升或強化溝通效果。

「聽」字怎麼寫？

要了解你的聽眾，**有個重要的影響因素，就是要具備同理心，當一名認真積極的聽眾。**中文的「聽」字就挺複雜的，當中包含了耳、目、心與專注之意（一心）的字形，未投入感情的聽與感同身受的傾聽，兩者其實有天壤之別。

回想一下身邊的這種朋友：一位你樂於向他訴說心事的人。這個人很可能就是能夠將心比心的傾聽者。許多研究顯示，那些在看診時表現

話說 2 小時，不如 3 分鐘

我想請你猜猜看，愛德華．艾佛瑞特（Edward Everett）是何許人也？

如果你答不出來，不必難過，此人曾擔任哈佛大學校長、美國駐英特命全權公使、國務卿，也是美國最著名的演說家之一。在他去世的三年前，他應邀在一個極其莊嚴隆重的場合上發表演說，那場盛會是為了向一群在美國史上最慘烈的戰役中捐軀的將士亡靈致敬。艾佛瑞特的演說長達 2 小時又 8 分鐘，演講的內容從各方面來看，都無懈可擊，但令人意外的是，日後竟然沒有人記得這篇演說中的一字一句。

艾佛瑞特講完後，司儀介紹下一位致詞者，這人演說的時間還不到 3 分鐘，而且把複雜的主題以及數千人的犧牲，濃縮成 10 個句子，一共只用了 272 個字。由於他演講的時間實在太短，害得攝影師還來不及架設好器材，所以未能替當天的演講留下任何影像紀錄。但他的用字遣詞深深引起共鳴，他起了一個大家都想不到的開場白，讓所有在場的聽眾不由得與他一起想像：「87 年前……。」

這個人就是林肯。這 272 個字的演講，成功的捕捉了那歷史性的一刻，發表於賓州蓋茲堡陣亡將士公墓揭幕儀式中。演說內容雖然極為簡短，但含意極其深遠，充分表達了數千人為避免國家分裂所做出的偉大奉獻。

林肯的演講之所以格外打動人心，是因為他是一個受過嚴格法學訓練的律師，他懂得如何影響陪審團——當時則是要打動他的聽眾以及一個仍陷於內戰的國家。林肯非常清

（接下頁）

楚，演講的內容未必多就是好，聽眾欣賞的是簡潔有力、能夠將一個訊息永遠深植人心的演說。（編按：在這篇演說當中，of the people, by the people, for the people 的用字首次出現，國父孫文後來引用並親自翻譯為民有、民治、民享。）

出認真傾聽，而且做出關懷安慰舉動（譬如肢體的碰觸）的醫生，比較不會挨告。能夠誠懇傾聽客戶心聲的理財專員，在遇到投資失利或市場景氣轉壞的時候，也比較不會被客戶怪罪。願意傾聽部屬吐露私人遭遇或工作難題的管理者，就算他一點忙也幫不上，都還是能夠贏得部屬的忠誠。

把對方說的話重複說一遍

跟將心比心傾聽有著異曲同工之妙的是「異口同聲」（verbal mirroring），這是著名的心理學家卡爾．羅傑斯（Carl Rogers）提出的理論。「異口同聲」是一種簡單的心理治療技巧，被用來與別人快速的建立融洽關係，效果顯著，我個人也發現它對我的偵訊工作很有幫助，尤其用來與受訊者建立同理心溝通時，特別管用。

羅傑斯認為，如果能打動被詢問者的心，就可以建立一個比較有效的治療關係。他非常注意傾聽病患所說的事情，然後以病患所使用的詞彙，跟病患溝通。譬如，病患如果講「我爸爸」，羅傑斯就會跟著說「你爸爸」，而不會說「令尊」或「你父親」；如果病患提到「我老婆」，羅傑斯就絕不會說「你太太」或「尊夫人」。對於那些必須與別人建立融洽關係的行業，例如醫藥、心理諮商、推銷、金融理財，「異口同聲」是一項威力強大的溝通工具。

可惜大多數人說話時都是以自我為中心，所以會使用自己慣用的語言。

如果各位想要使彼此的對話產生最大的效果，就**應當使用對方的語言，這麼一來你就是在模仿對方心裡的想法，會讓對方在語言表達——甚至是心理上——感到安心**，於是你們就能一拍即合。

我的年代的人都說「這樣子」，沒有人會說「醬子」；又如果有人問我：「你瞭這件事嗎？」並不會讓我產生跟「你明白這件事嗎？」一樣的感受，「瞭」這個新世代的用語對我的牽引力很弱，我猜很多跟我同年齡或年紀更長的人也都有同感。

我在針對商務人士所舉辦的研討會中，經常會遇到不擅長用對方偏好的語言去哈拉的人，這些人往往自認為他們的客戶應該聽懂他們所說的事情，或是會跟他們講一樣的行話，但事實恐怕未必如此。

一定要認真的傾聽，如果客戶說：「這東西要花多少錢？」你就別用「參考價格」來回答，否則你雖然跟對方說了很多，卻未能達成有效的溝通，當然更談不上交心了。如果

第一章
彈指或捧心的巨大影響力

客戶提到他「看到財務數字就怕死了」，你就要讓對方明白「你了解他真的怕死了」，而不要說：「我知道您很擔心。」他不是擔心，他是說「怕死了」。當你使用對方所用的字眼時，就是把對方當成談話的重心、而不是以你自己為重心，代表你真的完全理解，而對方也會下意識的感覺到你真的很了解他，並因此與你產生更熱絡的互動。

我很早就從職場上學到建立共同語言的重要性，當時我負責追捕一名聯邦通緝犯，我在亞利桑那州的金曼市附近逮捕到此人，準備把他押送到鳳凰城的地方治安法庭。途中他開始跟我聊起他的一生，我順著他說的話跟他談心，我告訴他，我明白他覺得很丟臉，因為被警方逮到實在是遜斃了，他很擔心他的母親會怎麼想，因為他是個虔誠的基督徒。結果在這一段不長的旅程中，他已經對我信賴有加，並且告訴我很多先前的調查員遺漏掉的事情，包括被害人的名單。

他之所以願意做這些自白，並非因為我很聰明，而是因為我懂得運用「異口同聲」，讓我們很快建立融洽的關係。

所以請認真傾聽你的客戶、病患、員工與商業夥伴所說的話，聽聽他們使用什麼樣的字彙，然後使用相同的字彙跟對方溝通。這個方法當然也可以用在所愛的人身上，各位將會發現，大家會認為你是個很棒的聽眾，因為你懂得將心比心的聆聽。

非言語行為會洩露你的真面目

請想一想在你們公司裡，誰的辦公室最亂？誰經常遲到？誰總是在開會時浪費大家的時間？誰會在別人發言時不停打手機簡訊？誰總是不回你電話？誰很懶惰，而且總是找一大堆藉口？誰最會上班摸魚？

我打賭你一定知道這些人是誰，別的同事也都很清楚，不知道的恐怕就只有那些人自己，他們完全不知道自己的行為已損及自身形象。

這些人或許在其他方面很能幹，但是在現今高度競爭的就業市場上，跟他們一樣能幹的人多如過江之鯽，而這些人能夠把辦公室打理乾淨、準時上班、開會前做足準備、尊重同事，並且認真工作、對得起那份薪水。

其實，良好的禮儀與良好的非言語行為是有關聯的，因為兩者皆能讓別人對我們產生好感，並產生正面的結果。整潔、守時、做好應盡的本分、尊重他人以及努力工作，只是在職場上令別人留下好印象的其中幾個項目而已。

切記：別人會因為你的行為而注意你，並形成對你的看法。如果是在工作場合，大家會注意你所做的每一件事：你幾點來上班、中間溜出去吸菸幾次、花多少時間跟朋友講電話聊天、請病假的次數、工作的品質、會不會拍老闆馬屁，你是個愛抱怨的傢伙，還是努力工作的人？如果你以為沒有人注意，其實是自己騙自己，**你所有的負面行為都會在別人心中留下深刻的印象**，並對你跟你們公司產生不利的影響。

而且，會注意你所做所為的人，並不限於同一個組織裡的人，還包括外頭的人，他們也會留意你跟你同事的表現。比方說，美國政府強制規定，醫院和醫療照護機構必須在病患離院時，請他們填寫一份醫院服務的滿意度調查表，表上一共列出二十一道問題，其中三分之二都跟非口語溝通有關，例如：醫生看病的時候仔細嗎？醫護人員有認真傾聽你的要求嗎？醫護人員很快做出回應嗎？我會在後續的章節中，**傳授你一些能讓別人感到放心的非言語行為，學會了這些非言語行為，能夠讓你以及你公司的表現出類拔萃，展現出你最好的一面**。

現在是網路至上的時代，良好的自我呈現（self-presentation，為了影響別人對自己的觀感，而刻意做出特定的行為）變得非常重要，尤其現在的大學生已經可以透過網路替教授的教學表現做評鑑，大家豈可掉以輕心？部落客如果在網路上發表服務不佳的貼文，搞不好就會讓受到批評的公司關門大吉，正因為評分低會重創營收，所以，亞馬遜書店才會這麼拚命要提供最好的服務。

環境也有非言語行為

當每一家銀行提供的主要放款利率都一樣時，為什麼我們會選擇在這一家銀行貸款、而不選擇另外一家？當然是根據銀行所提供的服務來做選擇，此外，我們也會參考所謂的第一印象，譬如廣告、觀感，以及銀行對待客戶的態度等，這些全都是非言語行為。

成功的企業都知道「美感」所具有的無聲影響力，像是大廳以及執行長辦公室的陳設。以拉斯維加斯的凱薩宮飯店為例，它的大樓外牆居然用了十八種不同色差的白色油漆，整棟建築物還時常重新粉刷。為什麼要這麼麻煩呢？因為旅館美麗的外觀會確保高住房率，畢竟這裡的旅館多得不得了。

景觀不僅會影響企業營收，還會影響當中的人的行為表現。近來有許多研究證實「破窗理論」是正確的：

一個地方如果呈現出凌亂的景觀（社區門窗很多是破的），往往會使當地的犯罪率升高，也會使反社會行為大增。

研究人員發現，即使是原本被視為「好區」的地方，如果出現噴漆塗鴉與荒廢的建築物，跟建築物有關的犯罪行為就會大幅增加。所有的警察都知道一件事：如果社區的人表現出一副不在意的樣子，罪犯就會以為他們可以在其中為所欲為。

第一章
彈指或捧心的巨大影響力

我將在第六章及第七章介紹一些評斷環境的準則，當你開始以這些標準來檢視自己的工作環境時，或許就會對其中大大小小的事情產生什麼樣的效應，有更清楚的認知。

行為日己遠，典型存心底

「謙遜、莊重、自信、自大、乖戾、膽怯」，很多人都不明白，**這些用來形容一個人個性的字眼，通常是透過這個人非言語的無形作為，做出最有力的表達。**譬如我們想到印度聖雄甘地時，心頭浮現的第一印象是什麼？應該就是一位穿著傳統半身纏腰服的瘦小印度人，他提倡「公民不合作」運動，以謙遜的態度和「非暴力」的抗爭方式，推翻了英國人的統治，完全有別於我們認為有辦法的人一定是身穿高級西裝、和有力人士有關係，且有私人飛機、豪華禮車以及大批隨從的刻板印象。

我總是告訴年輕的商務人士，如果想要功成名就，就要學著謙卑些，驕傲自大會破壞公司的商譽，我至今還未遇過有人喜歡驕傲自大的人。自戀的人不會獲得別人的同情，就像前紐約州檢察總長艾利特．史畢哲（Eliot Spitzer）被逮到召妓時，完全沒有人同情他，因為他一向非常自以為是。

請你原諒我的貪婪

美國過去因 2008 年爆發的房貸危機而深陷不景氣的泥淖中，經濟不景氣所帶來的其中一個副作用，就是汽車業瀕臨破產。所以三大車廠的老闆全都跑到華府，向國會請求撥款 250 億美元紓困。

然而在數百萬員工的生計岌岌可危之際，他們竟然還搭乘公司的專機前往華府，這種白目的行為，當然惹得國會、總統、工會、媒體以及勞工階級群情譁然。某位國會議員即指出：「這實在太諷刺了，他們居然搭乘豪華專機前來乞討錢財。」這些受過高等教育且聰明過人的大老闆們，居然會犯下如此荒唐且明顯的錯誤，著實讓人感到不可思議。

正當全國其他百姓為 1930 年代經濟大蕭條時期以來最嚴重的經濟衰退而苦苦支撐時，這幾位大老闆竟然完全不明白自己的非言語行為，會在大家心中形成什麼樣的惡劣觀感。他們不僅完全未準備任何的重整計畫（顯見心裡頭所想的就只有怎樣弄到錢而已）就直奔華府，而且還擺出一副完全不知民間疾苦的態度。這是一起因為觀感管理（perception management）失當而導致數百億美元泡湯的案件，相信這個事件在未來幾年內，肯定會成為各商學課堂上必讀的「天條」案例。

第一章

彈指或捧心的巨大影響力

時窮節乃現，一一記在心

二〇〇八年美國總統大選期間，我曾數度應邀上美國哥倫比亞廣播公司（CBS）的《晨間新聞》（*Early Show*）節目，分析各個總統候選人在全代會上演講，以及辯論時所展現的非言語行為。**我印象最深刻的是：在所有的造勢大會、選舉前的巡迴演說、競選活動以及辯論結束之後，居然沒有人記得這些人說了什麼。但大家記得哪個人看起來神情最自然**、哪個人看起來經驗豐富、哪個人看起來像啦啦隊長一樣愛眨眼、哪個人看起來很能幹、哪個人看起來最具「總統相」。

由此可見，我們記住的大都是候選人的非言語行為，而且每四年我們就會再一次被提醒非言語溝通的威力，雖然那些想要當我們大當家的人，所說的話有一部分會被記住，不過，更重要的是他們在全國舞臺上的表現——這是他們將來站上世界舞臺前的測試。

非言語行為會對我們的人生產生長遠的影響，一個人的非言語行為會形成別人對他的觀感，明白這個道理的人能比不懂的人帶來更大的影響力。信任、自在、合作、喜好、生產力及影響力，全都與非言語行為息息相關，忽視非言語行為的力量，不但讓你難以做出優異的表現，嚴重的話還可能招致失敗。你將會在下一章中學到，人類對於自在和信任的需求有多麼根深柢固，這種需求會在任何一個想像得到的層面驅策我們的行為。

第2章

這樣判讀，快又有效

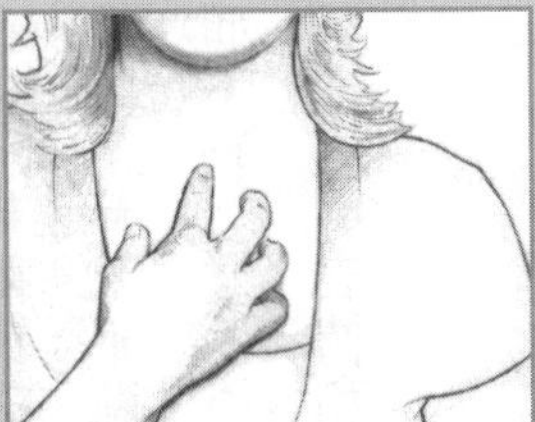

我出外旅行時總會隨身攜帶一疊相片，讓我能隨時看到心愛的家人。我最喜歡的一張相片是我女兒一歲多時拍的，她躺在我的懷裡，我們兩人的頭幾乎黏在一起，神情顯得心滿意足。

相對的，以下的畫面卻與前述的溫馨快樂形成強烈的對比：二〇〇八年秋季，美國的金融機構接連陷入危機，再加上全球的經濟情勢幾乎崩盤。

那幾週，紐約證券交易所的交易大廳上擺滿了攝影機，出現在電視新聞中的人們，全都表現出痛苦與憤怒的非言語行為：雙眼緊閉、雙手摀面不想看電腦螢幕上不斷跑出的駭人數字、兩手緊緊交叉護衛在胸前、雙唇緊抿的嘴角因極度沮喪而下垂、雙手不斷搓揉嘴唇和下巴企圖消弭緊張、雙掌合十、咬指甲、兩頰鼓起後大口吐氣，這些表情和動作全都顯示當事人的心情緊張不安。

自在與不安——快樂與痛苦，乃是人最普遍的兩極化情緒反應，我們每時每刻都會經歷其中一種感受，而且身體會隨之做出一連串的化學反應，左右我們的情緒，並塑造我們的行為。自在與不安的反應是與生俱來的，同時也是影響生存能力的重要因素，我們的大腦天生就被設定成如此反應，所以仔細觀察別人在這方面的動態，就能判斷他們內心的想法、感受或意圖。

我的獨門判讀技術

我在閱讀了大量的相關書籍文章與實務經歷後，開發出一套分辨「自在／不安」的非言語行為判讀模式，為的是要**用最簡單的方法教導ＦＢＩ探員，如何快速且正確的評估人們的非言語行為。**

我研讀過的那些資訊雖然相當引人入勝，卻也過分拘泥於細微末節，大部分的相關書籍把人的非言語行為分成好幾種不同的主題，而且非言語溝通涉及眾多不同領域（生物學、神經學、社會學、心理學、考古學），所以要把這些資訊彙整成適合執法人員閱讀的內容，其實還滿困難的。雖然這的確是我學到的非言語溝通，但我並不想教大家如此枝微末節的東西，也不想把這麼瑣碎的做法應用在實際的反情報作業上。

除了借助現有的學術研究之外（大部分的研究都是針對大學裡的學生進行的），我還充分運用ＦＢＩ給我的大量機會，拿最重要的對象——間諜或恐怖分子——測試研究的結果。此外，**我負責的國土安全事務，具有高度的迫切性，使得我的非言語行為分析必須講究效率，因為每天都有大量的案子需要解決，根本沒時間或金錢浪費在反覆的分析上。**間諜或犯罪行動往往迫在眉睫：沒有時間慢慢思考、沒有廣告休息時間、不能喊暫停、也不能倒帶。因此我們必須找出一個方法，能夠快速及正確的分析他們的行為，以即時採取適當的行動。

簡言之，整個分析判斷的流程必須極有效率，能夠快速教會反情報工作者與執法人員；也必須是務實的，才能夠立即派上用場；同時方法必須夠嚴謹，才能禁得起科學和司法的檢驗。我發現我的學員很快就能掌握這套「自在／不安」判讀模式的要領，所以現在**這套方法已被用來教導全球各地成千上萬的學員**。

這套判斷方法真的很簡單。當你觀察到某個行為時，就問自己：它代表「自在」還是「不安」？這個問題非常容易理解，譬如我要大家指出幾種戀人的行為，各位可能想到：兩人雙手緊握、深情凝望對方的眼睛、形影不離、熱衷於肢體碰觸、動作或表情一致。

相反的，如果某個人想要掩飾其犯罪行為或犯罪意識，因而處於小心提防的狀態，我們又會看到什麼樣的動作呢？我們將會看到跟上述情況完全相反的行為：此人會做出把身體轉而偏向一邊，或是把手腳縮回來這類保持距離的動作，姿勢及動作都會看起來僵硬，嘴唇緊閉無笑容，鬼鬼祟祟的打量四周，露出焦躁不安或緊張的神情。

人類面對危機的三元反應

我就是用這套方法開始教學生判讀非言語行為，結果發現：只要我們用「自在／不

第二章

這樣判讀，快又有效

安」的標準區分人們的行為，對方的行為就會變得透明了。從許多方面來看，人類對於周遭世界的反應常是二元的，這點跟大腦為了保護我們的生存所做的二元反應是相同的。譬如有條蛇突然擺出攻擊的姿勢，或是有隻狗狂吠不止，我們的大腦就會立刻處理，因為這有可能是會威脅到我們安全的狀況，但也有可能不是。

大腦不會花很多時間深思長考，因此我們才得以「立刻反應」，**從演化的角度來看，花很長的時間思考如何反應，對於人類這個物種是沒有好處的**。所以，人類才會發展出一套非常有效率的方式，來判斷某件事情是否會威脅到自己的人身安全，或是會令我們感到不安。

即使是面對一些小事，人類的反應到了二十一世紀，其實跟兩萬年前並沒有什麼不同：如果我們走進一個很熱的房間，會立刻做出反應，就跟某個人站得離我們太近一樣。我們所做的負面反應是即時的，且正確反映出我們的內在狀態。我們每時每刻的感受（自在／不安）都會反映在我們的行為上：自在時開懷大笑，不安則垂頭喪氣。

為了要幫助我的學生，以及加強這個判斷模式的效果，我特別製作了一張表，列舉一些敘述「自在／不安」感覺的形容詞（你說不定當場就可以想出一些詞）。大家肯定會感覺很意外，因為我們的情緒和行為有很多都落在這兩個分類項目裡，以下即是一個簡單的樣本：

自在的象徵	不安的象徵
平靜	焦慮
放心	擔心
思慮清晰	思慮混亂
親密	疏離
愉快安適	乖張彆扭
說話流暢	頻說錯話
友善	敵意
快樂	沮喪
開放	封閉
同情	冷漠
喜悅	憤怒
耐心	性急
平和	緊張
冷靜	害怕
放鬆	緊繃
尊敬	不屑
安心	不安
親切	嚴酷
相信	懷疑
誠實	欺瞞
溫暖	冰冷
熱切回應	猶豫遲疑
自在	暴怒
樂於接納新觀念	頑固不肯變通

雖然這份清單只列舉一部分語詞供各位參考，但應該足以讓大家對於這兩種分類的行為、態度和情緒，有大概的了解。

人永遠在兩種情緒間打轉

打從出生的那天起，我們就不斷表達我們的感受，譬如吃飽了（自在）或是肚子餓

（不安）；身體是溼溼的還是乾爽的；心情是滿足還是火大。即使年紀稍長，我們仍舊一直在自在／不安兩種情緒中打轉：有時緊張有時安心、有時自信有時迷惘，唯一的差別只在於自在或不安的程度高低不同而已。如果各位某日整天都未出現不安的情緒，那一天你的心情一定很好。

同情、信賴、親近和了解，都屬於自在的感覺，而且也是非常美好的關係；至於哪些是不安的感覺呢？譬如疏離、防衛、抗拒和隱瞞，這些情緒對於家庭、事業或任何場景都是不好的。

從我們一起床後，就會交替出現「自在／不安」的情緒：下床時是精神飽滿還是腰酸背痛？拖鞋整齊的擺在床邊還是不見蹤影？洗澡的水溫太燙還是太冷？提神的咖啡苦澀難以入口還是美味無比？到了辦公室後，待處理的文件內容是正確無誤還是需要修正？客戶提出的交易條件很棒還是很糟？同事的言談是幽默風趣還是令人火大？每天我們都會在這兩種截然不同的狀態中來來回回數百遍，而且我們的身體會立即反映出我們的心情。

誰能成為團體中的靈魂人物？

請問，「自在」或「不安」這兩種情緒，哪一個有助於我們展現卓越的領導、招攬更多客戶、提升銷售業績或妥善處理事情呢？我相信你一定心知肚明，因此大家應該盡量在事業上展現出自在的這一面，因為它們會造成深遠的影響。我們必須掃除不安的情緒，重新恢復自在的情緒，才可能擁有高生產力的工作表現。另一方面，非言語行為的判讀能力——也就是看穿他人心思的能力——能夠幫助我們在對方尚未說出口或渾然不覺的情況下，先行找出不安的情緒並加以解決。

假使你正處於一個非常緊張的不安狀況，緊張到把你曾學到的非言語行為判讀技巧忘得一乾二淨，這時你只須問自己：「這個行為是自在還是不安呢？」多半就能立刻扭轉頹勢，讓情況恢復正常。

從前我在FBI偵訊嫌疑犯時，會花不少時間讓被訊問者的情緒安定下來（自在），因為根據我多年的經驗得知，**當一個人處於高度緊張、猜疑或懷恨（不安）的情緒時，比較不願意合作；再者，不安的情緒會對記憶造成不利的影響，這也就是為什麼當你緊張或有壓力時，往往想不起來鑰匙放在哪兒**。我敢跟所有讀者保證，從來沒有人因為對我不滿而願意乖乖說出實話的，在真實世界裡，鮮少會出現電視犯罪影集中播出的情節，唯有在雙方建立了融洽關係的狀況下，嫌犯才有可能說出真相。

非言語行為判別技術不僅能幫你安撫別人，還能加強你的溝通效果。不知各位是否注意到，偉大的演說家與高明的領導者說話多半泰然自若，他們很善於透過自在的表情或動作展現出信心十足的樣子，不論處於多麼緊張或紛擾的局面，領導者若能處變不驚（自在），我們就會追隨他。

大腦會持續提醒我們：此刻是處於自在還是不安的狀態，讓我們趨吉避凶。這種歷經演化而高度發展的求生機制，已經跟著我們數百萬年了，它不但能幫我們躲開危險，而且還會幫我們形成有助於人類生存的合作關係。

自在／不安：藏不住的本能反應

大腦裡負責驅動我們求生反應的部分，稱為腦緣系統，它們位在大腦的深處，這一堆古老的結構包含胼胝體（負責左右腦的溝通）、杏仁核（對於任何可能傷害我們的事物做出反應）、海馬迴（儲存情感記憶與經驗的地方）、視丘（跟電腦的中央處理器一樣，會過濾知覺得來的資訊），以及下視丘（維持體內平衡）。

不管新皮質（大腦裡負責意識思維的部分）正在做什麼，腦緣系統就像電腦裡的防毒軟體，總是在幕後默默做事。譬如你正在專心趕一份報告，但如果這時候有人從你背後的門口進來，你就會立即豎直身體，暫時從原本全神貫注的工作中停下來；又或許你正在過馬路，腦子裡一邊默默想著簡報的內容或是購物清單，這時若有一輛車子突然轉彎向你衝過來，你會自動跳到人行道上；又如你正坐著跟某人聊天，你的小孩在旁邊的淺水池裡玩水，當她一不小心快要一頭栽入水池之前，你會及時衝過去抓住她。這些反應都是腦緣系統在隨時保護我們以及我們所關愛的人。

有趣的是，在上述這些例子當中，我們人類竟然會做出「宛如動物般敏捷的本能反應」，但是在其他大多數時候，因為我們必須先行思考才會做某件事，所以其他動物的反應速度是遠遠超過我們的。

當我們感覺到有危險時，腦緣會啟動三種神經反應，這三種反應可是通過了數千年的驗證。我在《FBI教你讀心術》裡頭曾經說過，這三種非言語反應叫做：靜止（freeze）、逃跑（flee）或奮戰（fight）。

不許動，就不動

我們常聽人說，在遇到威脅時，「打不過就逃」，但其實我們會做出三種反應，而「靜止」則是我們最偏好的第一種反應。

何以如此？因為「靜止」的效果很好。各位不妨想像一下，自己是個在非洲大草原上討生活的原始人類，你突然發現暗處有一頭劍齒虎在徘徊，於是你的第一反應多半是趕緊靜止不動，希望牠不要發現你。這其實是你的腦緣系統告訴你，在遇上大型貓科動物時保持不動比較好，免得牠們啟動令人聞風喪膽的「追—絆—咬」三步驟絕殺。

所有哺乳類動物與生俱來都會有的定向反射行為（Orientation reflex，將眼睛、頭和身體都轉而朝向外來刺激物）就是「動」，而對抗這種亂動反射動作的最保險方法，就是靜止不動，靜止反應能讓我們保留精力，先評估周遭的狀況再想想別的辦法。如果我們人類在演化的嘗試錯誤過程中未曾使用過「靜止」反應，我們這個物種恐怕沒法存活到今天。

雖然現今我們生活的都市與非洲大草原截然不同，但舊有的腦緣習慣卻很難改掉，靜止反應仍舊是我們對抗危險的第一道防線，而且可以在很多非言語行為中見到：

表現不佳的員工在考績評議會時，雙手一動不動的放在膝上且腳踝緊扣；政客被問到一個尖銳的問題時，雖然臉上依舊保持微笑，但兩手卻緊握住椅子的扶手；沒有預先溫習功課的學生以「呆若木雞的表情」看著教授；行凶者在偵訊時雖然矢口否認犯案，但身體卻如急凍般僵坐在椅子上。以上所舉的每個例子都採用了「靜止」反應，並透過肢體語言顯現。

第二章
這樣判讀，快又有效

當遇到突發的暴力場面，或是巨大的噪音時，我們常會看到人們雖然非常震驚，卻不會隨便逃竄，這也是靜止反應。由於靜止反應非常敏感，因此我們在乍聽到壞消息時，也會因為在思索悲劇事件而靜止不動好一會兒。

你沒說你想要逃，但……

如果靜止不動也無法驅退威脅時，「逃跑」便會是下一個選擇。大家應該都看過一些關於大自然的節目，畫面呈現的是一群正在安靜吃草的動物，突然遭受到一頭飢餓的豹攻擊：一百顆頭剎那間靜止不動，但下一瞬間一群動物便四散奔逃。

在現代生活中，我們未必能夠隨心所欲的離開令我們感到不舒服的場景，但這卻無法阻止腦緣系統試圖要我們避開負面的事物。各位將在下一章學到，我們的「誠實腳」會洩露出我們想要逃開的企圖：當我們打算結束一段對話時，我們的腳會不自覺的朝著其他方向；當陪審員不喜歡某個證人時，他們的腳也會朝向出口；開會時若有人做出不適當的發言，我們會把座椅轉開朝向另一邊；一般人會自然而然的站離不喜歡的人遠一些，這些都是我們的腦緣系統做出遠離討厭事物的指示。

同樣的，對於我們不認同的人，我們的身體也會遠離或是略微轉動偏向另一邊；我們會用腹面抗拒（上半身轉過去）那些令我們反感的人（請回想已故的黛安娜王妃與查理王子在離婚前一年的狀況）。如果是討厭至極的人，我們甚至會背對著對方；或者我們會建立障礙（突然把包包放到膝蓋上、穿上外套、鎖上車門、轉頭看別處）以避開對方。有時也會在視線前面建立屏障，例如眼皮下垂或是用手遮住眼睛，這是現代人與別人保持距離的新方法。

當我們走投無路，不論是「靜止」還是「逃跑」都無法解決問題時，逼不得已就只能奮力一搏。奮戰是三個腦緣反應中代價最「昂貴」的一個，因為它會耗盡我們的體力，用我們的力量直接對抗掠奪者，卻不保證一定會贏。

安危他日終須戰

在現今的「文明」社會中，我們已經把奮戰反應轉化成「消極的攻擊」（揚言我們會做件事，但不會真的做）、爭辯與咆哮、把東西朝牆壁扔、跺腳，或者把車子撞進人家的起居室，或者把爆竹扔進信箱裡——以上這些不過是本週頭條新聞中的幾個例子而已。

因為法律明文禁止我們以暴力對付他人，所以大多數人會把攻擊行動內化（捶自己的手、把東西扔到地上、用力咬嘴唇以至於流血），或是「借刀殺人」（發黑函、放自家的狗兒跑到鄰居的院子裡搞破壞），或透過肢體表達：兩名男子鼓起胸膛互相向對方咆哮；刻薄的老闆兩手扶著桌子身體前傾，讓你看起來比他矮一截；火大的客人身體前傾越過櫃檯，侵入航空公司地勤人員的空間；棒球隊經理鼓起腮幫子向裁判做出挑釁行為，表示對判決的不滿。雖然現代人在評估直接戰鬥沒有勝算時，往往會以爭論、直呼對方名字、氣勢洶洶的說話、大發脾氣等方式取代奮戰，不過用拳頭打架的行為偶爾還是會發生。

我們可以觀察某人的非言語行為，看出打鬥何時會一觸即發：下巴緊繃、雙手握拳、胸膛鼓起、除去衣物（眼鏡、帽子或外套），鼻孔因氣憤而外張（以便吸入更多的氧氣），這些動作通常都是準備動手的前兆。就算我們並不像從前那麼常「奮戰」——像中世紀的人那樣決鬥，但我們會以另外的方式，也就是比較現代的方式呈現「奮戰」，而它仍舊是一種腦緣的反應。

催出你的催產素

與生俱來的「自在／不安」反應會因為養育而改善，打從我們出生的那一刻起，我們與旁人的互動便訓練我們腦部的化學與電子反應，並以一種精妙的反饋迴路影響我們的情緒和行為，把我們塑造成某種性格的人。

人類最早的「自在／不安」模式可以從母親與嬰兒的互動中見到：當嬰兒表示不舒服（譬如肚子餓或尿布溼了而啼哭），母親就會溫柔的讓嬰兒回到舒服的狀態。我們從這個互動學到了有關情緒的第一堂課：嬰兒藉由表示不舒服而得到母親的關注，並給予舒服的反應；母親則學會了留意孩子的非言語行為，明白如果她適時解決不舒服的原因，孩子很快就會被安撫下來，而孩子則因為母親的照顧而學會信賴。

第二章
這樣判讀，快又有效

從生理學的角度來看，養育行為會釋放出大量的化學物質，包括會促進社交與人際關係的催產素（oxytocin，腦垂體後葉分泌的激素，能促進子宮收縮和母乳分泌，近年的研究顯示與性高潮、社交互動、性別吸引、焦慮、信任、愛及母愛的天性方面有關）。事實上，嬰兒的主要生存活動——吸奶動作——會同時刺激母親和孩子釋放出催產素。由於體內化學物質的影響，我們會尋求舒適、給予舒適，當作維持生命的基礎，隨著我們日漸長大，催產素對於建立戀愛或婚姻之類的關係（甚至包括商業關係的信任）就變得更加重要了，研究顯示，當雙方擁有健康的商業關係，彼此互相尊重且有適當的人情味，我們就會進一步信賴對方、願意付出金錢。

像鏡子一樣模仿時，好自在

模仿（mirroring，鏡像反映行為）——做出與對方相同的動作和姿勢——是人際間最有力的自在表現。這種關係最初也是存在於父母與嬰孩的互動之間，研究人員已經從影片上捕捉到這美麗的和諧表情。當我們透過慢動作播放這些影片時，就會看到模仿（亦稱為擬態〔isopraxis〕或同步性〔synchrony〕），那畫面宛如一場美麗的舞蹈：嬰兒笑著，母親也笑著；嬰兒輕柔低語，母親也發出類似的聲音；嬰兒偏著頭，母親也偏著頭。模仿是

要小心人群中神色有異者

大家可知道負責保護總統的祕勤局探員，會從人群中揪出表情與眾不同的人嗎？因為這種情形通常表示，這個人有可能打算幹一件與眾不同的事情——甚至是犯罪行為。

在約翰．辛克萊（John W. Hinckley, Jr.）試圖暗殺當時的美國總統雷根未遂之後，目擊者向調查人員指出辛克萊的外表、舉止和神情皆有異狀，不像身邊的每個人看到總統走近時都興奮不已。1972 年亞瑟．布雷默（Arthur Bremer）企圖暗殺州長喬治．華勒斯（George C. Wallace）的情況也跟辛克萊一樣，他因為「樣子怪異」而顯得與眾不同，這從後來刊登的新聞照片中即可看出來。

同理心溝通的開端，它對於我們未來在戀愛或商業表現上將大有助益。

人類不但天性偏好舒服，也偏好同步性，就像育嬰室裡如果有一名嬰兒在哭，其他的嬰兒也會一齊跟著哭；當我們的朋友接到一個壞消息並面色凝重時，我們也會做出類似的反應，以展現同理心。這也就是為什麼喪禮中每個人都會顯露出哀戚的神色；當我們的球隊得分時，每個人都會齊聲歡呼，所以同步的行為也會促進社交和諧。

我們不論是與陌生人或認識的人相處，都會出現同步性。像我在撰寫本章時，剛好應CBS之邀上《晨間新聞》節目，當時我在後臺化妝間與另一位來賓聊得很投機，於是我靈機一動，想印證一下同步性理論是否可靠。我決定藉由變換坐姿來改變我們原本相處融洽的氣氛，我們原本是面對面坐著、雙腿微開、雙手放在膝上。我趁著有人進來時，趕緊變換坐姿，還把左腳跨放在右腿上，在我與那人之間形成一道屏障，並且讓腳尖朝向門口，那人也突然學我坐得直挺挺的，並且完全模仿我的坐姿，我們一直等到他調整姿勢之後，才有點遲疑的恢復交談。

當時對方完全不知道他在模仿我，現在各位應該明白其原因了：這是腦緣系統在「作怪」。我們會覺得舒服或不舒服，是取決於大腦與生俱來的天性、生活經驗以及文化的制約，我們時時刻刻在舒服與不舒服這兩種感覺間來回擺盪，腦緣系統會把我們經歷的每一個體驗，放在介於這兩種感覺間的某一處，形成我們的反應，且不斷試圖把我們送回到舒服那一端。

文化教養與腦緣反應

請注意，基於文化而形成的偏好，並不能超越我們的腦緣反應，這也就是為什麼所有人的腦緣反應是一樣的。文化偏好也是打從嬰兒期就開始逐步養成，而且因為它們非常的細微且無所不在，所以很多書籍都在探討跨文化認知這個主題。

比方說，你是在哪裡長大的，會決定你跟旁人站得多近；搭電梯時會面向哪一邊（北美洲的人會面向電梯門，並且盯著樓層數字面板；而南美洲的人則會跟別人面對面）；你在公共場合會碰觸旁人多少次以及碰哪裡；你可以盯著旁人看多久。個人空間也受到文化的影響：拉丁美洲人要到對方離他八英吋（約二十公分）以內才會覺得不舒服，但北美洲人則會保持兩英呎（約六十公分）的距離。能否尊重別人的空間需求，會影響別人對你的觀感，這點我們稍後會再詳細討論。教養與社會化也會影響我們對空間的需求，以及其他很多方面的互動，**以身體空間而言，文化會決定兩人之間應保持多遠的距離，腦緣系統則會決定這距離是否令你感到舒服**。

最後，當你與旁人共處時，你會做出率直的評估：如果你們相處愉快，就會做出跟對方一樣的動作，並顯露其他一些代表舒服的表情或動作。如果你們的互動不佳，你就會清楚表現出不愉快的表情或動作，如果不愉快的感覺越來越強烈，就會出現三種腦緣反應：靜止、逃跑或奮戰（或是僵硬、疏遠或爭吵）。各位將會在下一章學到，融洽的互動是事業成功的關鍵，當我們與別人相處融洽時，彼此的溝通效果就會更好，我們也會變得更有說服力，並順利完成交易。

坊間很多討論人格類型、思考風格以及情緒智商的書，它們都很有參考價值。但是以我個人數十年來長期從事反情報工作，以及經歷過無數次千鈞一髮的狀況，我敢跟各位保證，**透過非言語行為表達出來的自在或是不安感，不但可以一眼看穿，而且也是非常準確可信的。**從人們所顯露的自在或是不安感，可以得知此人的感覺、想法或意圖，懂得判斷非言語行為的能力，不但是日常生活中不可或缺的一項工具，而且不必花錢就能獲得。

第3章

讓他的身體說實話

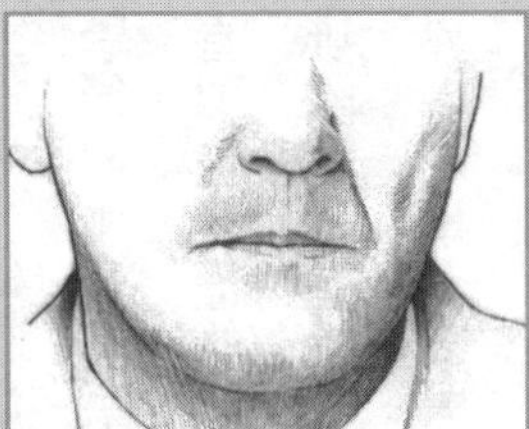

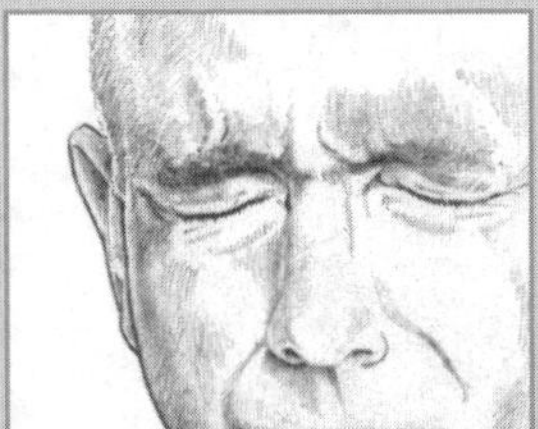

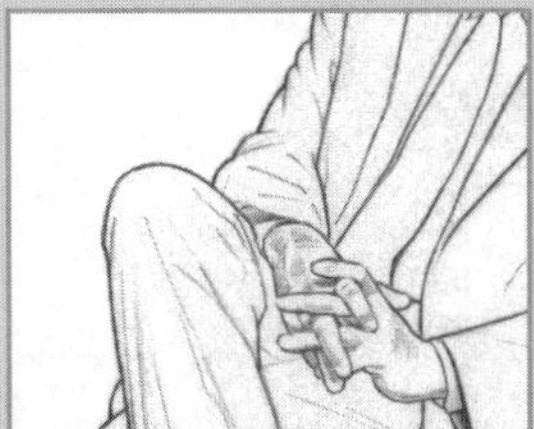

接下來我們要看身體的各個部位如何進行非言語的溝通，並學習描述非言語行為的基本字彙，你只要學會一些基本要點，就能立刻破解你長期以來一直似懂非懂的肢體語言。不論你是在大街上行走、參加一場會議、跟老闆對話、在商店裡排隊等著結帳，或正在觀看電視轉播的記者會或談話節目，都可以從中看到一個全新的世界。同事、鄰居或重要人物原本看似無特別含意的動作，都將匯整成一道內容豐富的資訊流。

描述非言語行為的基本知識

以下就是專家判讀非言語行為時所使用的主要詞彙，如果你想知道更多，可以從我所寫的《FBI教你讀心術》一書中，參考更多詞彙。那是一本教你識破非言語行為的書，本書主旨則是要讓你知道，非言語判讀技術與肢體語言如何運用在工作場合，成為你的事業利器。

設定基準行為

當我在FBI偵訊犯罪嫌疑人時，我從不會嚴詞威嚇對方招供，更不會令對方滿懷戒心；相反的，我會設法令他們感到安心自在，譬如倒杯飲料給對方，並確定他們一切安好。等他們感到安心自在時，我就會觀察他們展現的每一個動作，譬如他以什麼樣的姿勢向我走來？或是當我們坐下來談話時，他眨眼的次數和速度。

我之所以這麼做，是因為我們如果想要知道某人是否處於不安的狀態，必須先知道他放心自在的時候會做出怎樣的行為。**一旦你確立了某人在安心自在狀態下的行為基準，就可以把對方偏離基準的行為當作是不安的訊號。**比方說，一般人普遍認為交叉雙臂代表懷有戒心，但如果某人一向就是以這樣的姿勢站立，那就不適用前述原則。像我有個朋友跟人說話的時候總是交叉雙臂，一副若有所思的樣子，當他突然改變姿勢時，我反倒會認為他可能感覺不自在。

背景因素：在什麼環境下

在判讀非言語行為時，必須連同行為發生當時所處的環境或背景一起理解。當某人的女兒生病或工作可能不保時，自然會顯露出壓力重重的樣子，擔心可能失去孩子或丟了工作而恐慌，這就是此人露出焦慮或不安的非言語行為的背景因素。

背景或環境因素也可能讓看來極端的非言語行為顯得平常：譬如在機場看到有壓力的表情是很正常的，因為搭機原本就是一件很累人的事，如果遇到航班取消、服務人員態度不佳，就更不足為奇了。被警察詰問也可能導致壓力產生，因為光是警察身上的制服和警徽，就會讓人感受到莫名的壓力，所以我們必須把人為因素也納入背景因素的一環。家人令我們安心，陌生人則令人不安。你可以在辦公室裡看到這樣的情況：同事令你感到安心，運氣好的話，連長官也讓你感到安心，因為他們就像你的「家人」；但是從外地前來視察的大老闆則另當別論，每個人都會因為這位位高權重的貴客蒞臨，而感到不安——就算業務沒出紕漏也會緊張。

強調：身體就是驚嘆號

「強調」就像是非言語行為中的標點符號：我們用身體充當驚嘆號。不論我們是因為憤怒而不斷指著某人，或在球場上得分後高舉雙臂做出勝利姿勢，都是透過身體來畫驚嘆號。這種表達「加重語氣」的非言語行為，對我們傳達的訊息附加了一些情緒，令人印象深刻。

在商場上，我們也是透過「強調」來界定哪些是重要且值得重視的事物，否則雙方的談話就形同閒聊。如果我們不記得剛剛談了哪些事情，通常是因為那些訊息沒有被強調之故，而附加了情緒的訊息多半能夠持續較久。所以表達「加重語氣」的非言語行為是很有用的，運動教練就常用這種方式激發選手的熱情，讓選手做出超越極限的表現。

第三章
讓他的身體說實話

高興時就會對抗地心引力

當人們覺得心情很好時，身體常會不自覺的呈現向上的動作：他們展現的非言語行為都是朝向天際的，也就是呈現出對抗地心引力（gravity-defying）的作用。你會看到他們的眉毛上揚、下巴朝上、大拇指朝上，甚至連腳尖都是朝上的。當聽眾趁著演講的中場休息時間抽空檢查手機訊息時，如果看到的是好消息，腳尖就會朝上；如果某人在會議室中，做出兩手交握且大拇指朝上的手勢，通常也反映正面的想法。

善用觸覺

觸覺學（haptics）專門研究我們如何觸摸事物，以及觸摸後會產生什麼樣的感覺。透過對觸覺的研究，工程師得以做出更符合使用者人體工學的新型手機螢幕或電腦鍵盤。觸覺學同時也研究人類如何彼此觸摸，像母親溫柔觸摸嬰兒的臉頰即是一例，我還曾看過一個小孩用雙手托住爸爸的臉頰，這真是個充滿愛意的美麗姿勢。

正確的碰觸方式非常值得注意，我將在第七章介紹工作場合中，互相問候的適當方式。**研究顯示，人們會透過碰觸在商場上產生信賴與同理心：彼此的碰觸越多，就越能產生同理心溝通，會碰觸客人手臂的餐廳服務生，往往會得到較多的小費。**

看出意向性線索

大多數人在開口說話前，他們的身體往往已經先洩露他們的意圖了，這些意向性線索是非常有力的指示訊號，所以你務必要留意。譬如你正在跟老闆談話，他的身體卻稍稍別轉過去，或是你發現他有一隻腳朝向出口，這就是一個意向性線索，表示他很想趕快結束談話。

你不必懊惱，因為這行為並非針對你，其實你的老闆只是下意識的想著：「我得走了。」但不管原因是什麼，**當人們的身體展現出這些意向性線索時，就表示他們想要擁有私人的空間和時間**，此時如果你能夠識趣的離開，他們會很感激。

非言語行為不只身體語言

人體動作學（kinesics，或稱身勢學、身體語言學）是研究身體——尤其是四肢——的動作。有些人把人體動作學與非言語行為混為一談，但其實非言語行為包含的範圍要大很多：除了身體的動作之外，還包括臉部表情、聲調、眼神、自我碰觸、穿著打扮，以及身上配戴的配件，都包括在內。「人體動作學」一詞在一九七〇與一九八〇年代極為風行，好多本書都以這個詞為標題，不過現在除了研究人員以外，很少人用這個詞了。

第三章

讓他的身體說實話

微動作

微動作（microgestures 或稱為 microexpressions，微表情，係由知名學者保羅・艾克曼博士〔Dr. Paul Ekman〕提出）是指一些稍縱即逝的非言語行為，因為**它們出現的速度與時機皆不受意識的控制，所以會洩露出很多真實的意向**。由於微動作通常與負面的感受或不自在有關，所以我們可以透過微動作得知旁人的感受。

微動作有很多種，在商場上較常見到的是瞇眼，這個動作通常意味著不安，但極其不明顯。我常從正在審閱合約的律師臉上「抓住」這個表情，尤其在他們看到一段不認同或不滿意的條文時。

安撫行為

安撫行為（pacifying behaviors）是指試圖讓我們心情平靜下來，並從不安回復到舒適自在的行為。任何撫摸自己、摩擦、搓揉或輕擁的行為，都帶有要情緒平靜下來的目的，例如人們在等待醫師告訴他們診斷的結果時，會不自覺的把玩結婚戒指、項鍊。

我們也會透過觸摸或蓋住身體上某個裸露出來的部位（摸脖子、用手托住雙頰、摸弄耳環或耳垂），好讓自己平靜下來。一整天下來我們會用很多種方法安撫自己的情緒：譬如當我們在認真思考一個問題時會搓揉額頭；跟新老闆見面前會調整領帶或撫順頭髮；當某位同事突然遭到資遣，我們會聚在一起，兩臂防衛性的交叉在胸前，小聲的交談。我們會在缺乏安全感或是感到緊張或害怕的時候，做出安撫行為。

安撫行為在文獻裡通常被稱為適應行為（adaptors），不過本書會一直使用安撫行為一詞，因為大多數人比較容易理解，而且這個用語正確的描述了是怎麼一回事——安撫行為就是大腦對身體說：「請讓我平靜下來或撫慰我。」

當某人感到焦慮不安、沒安全感、害怕、想要平靜下來、想要集中注意力，或是覺得疲憊不堪時，都會做出安撫行為，只要我們看到安撫行為，就可以協助他人或是我們自己減輕負面的情緒。

人際距離表達關係

人際距離學（proxemics，或稱空間關係學）是研究人際間的距離以及如何使用空間，它會受到文化、環境、社經地位，以及個人的自在程度所影響。當我們覺得自己的「空間」被侵犯時，就會出現相當激烈的腦緣反應。只要想像一下當你站在自動提款機前、在商店裡排隊或是搭乘電梯時，如果某個人站得離你太近，通常會令你覺得不愉快，嚴重時甚至會妨礙你保持專注。

不論你是替人安排座位或是接待外國的友人，都應該留意人際距離學方面的禮儀，人際距離學對於影響他人、建立舒適、傳達權威或承認地位，都是非常重要的因素，可惜大多數人都忽略了這一點。

同步、一致、合而為一

我曾於第二章中提及，同步性（或稱一致性）是身體表示和諧的方式。在商場上我們常說「咱們志同道合」；談戀愛時我們會跟心愛的人一起在公園散步。身體的同步代表心靈合一、心意相通，我們藉由向對方傳達出彼此乃是一體的訊息，來豐富我們的人生。

從許多例子可以看到我們高度重視同步性，譬如體育方面的雙人跳水與水上芭蕾，就很受觀眾的喜愛；二〇〇八年北京奧運開幕式的千人鼓舞，更令世人嘆為觀止。還有阿靈頓國家公墓內的軍樂隊演奏令人心情激動不已、英國白金漢宮的儀隊換班儀式則展現莊嚴之美。這也是為什麼我們要穿制服的原因：**視覺的一致性能幫助我們團結起來，合而為一**。就連結婚典禮中也看得到一致性的場景——伴娘全都穿著相同樣式的禮服。穿著打扮（正式的西裝或套裝）的一致，或是行為（跟老闆保持同樣的行走速度）的一致，能夠創造和諧。

不論是做生意還是交朋友，不一致會造成彼此間失和或不協調，從潛意識層面來說，不一致會逐漸破壞人們對彼此的感受，也會破壞人際和諧，使雙方無法做出有效的溝通。

用我的椅背宣示你的領域

我們會透過宣示領域（territorial displays）的行為，來表達自己的空間需求，以及我們對自己的看法（包括社交與情緒兩方面）。

在每個文化中，身分地位較高者多半擁有較大的空間、較多的財產，也會宣示較大的領土。當年哥倫布只能站在數碼之外，請求西班牙伊莎貝拉女王（Queen Isabella）資助他前往美洲探險；當他們抵達今日的墨西哥時，又遇到相同的領土宣示行為：當地的貴族也要求他們必須保持距離。

在現今的世界裡，宣示領域的行為仍處處可見：從溫布頓網球場的皇家包廂，到美國總統車隊當中的前導機車車隊人數，乃至於上下班交通尖峰時間的地鐵乘客，會利用伸出去的手腳，一個人占住兩個位子。商場上的宣示領域行為則包括使用位於角落的辦公室、大辦公桌，或是一隻手橫跨兩張椅子、搭在隔鄰椅子的椅背上。

我們的身分地位越高（不管是真的或只是在旁人眼中看來如此），需要的空間或所宣示的空間就越大。

第三章

讓他的身體說實話

頭兒、肩膀、膝、腳趾的言語

很多人都不明白，如果我們真想要知道別人的想法或感受，「臉」往往是最後才要看的地方，因為我們從小就懂得要學會控制我們的臉部表情，才能得到長輩的疼愛、保護及獎賞。

我並不是說臉部不會顯露出我們的感受，而是身體有時會發出跟臉部完全相反的訊息。善於判讀非言語行為的高手非常明白這種情況，所以會對身體每個部位所表達的非言語訊息給予同等的注意。我即將在本書中，一一解析身體每個部位所表達的非言語訊息，我還會跟你解釋，在觀察別人的穿著打扮時，要特別留意哪些非言語線索。

在講到感受與意圖時，腳是非常誠實的，所以我向來先討論「腳」。打從史前時代起，腳和腿就是我們生存的大功臣：我們靠著雙腳跑走逃命，或是與掠食者踢打對抗，若沒了腳和腿，人類就沒法打獵、收穫、遷移、交配或跳舞。腳和腿會老實告訴我們某人感覺信心十足、快樂、緊張、受到威脅、害羞或想要離開——甚至還說明了他們想要往哪個方向離開。

抖腿抖腳，抖出實話

我們每個人都曾在學校、會議室或是約會中，看過別人抖腳，或是自己也曾抖過腳。如果一個人身體沒動，腿卻動個不停，這代表什麼意思呢？這種時候要做出正確的判斷，就得連背景因素一起考慮進去。當某個人坐著不動但腳或腿卻抖個不停，表示他感到某種不適，也有可能是覺得不耐煩，或是想讓事情有所進展。這時候你不妨提議結束討論或是休息一下，好讓每個人去「伸伸腿」，像棒球比賽就有所謂的「第七局伸展」。（如果不幸碰上兩個爛隊，球賽進行到第七局時觀眾大概都要睡著了，所以要休息一下，讓大家活動筋骨。）

如果是**在談話進行中開始抖腿，有可能意味著對議題不滿**，如果對方的下巴肌肉緊繃，那就八九不離十了。這時你應衡量現場的情況，想想看是什麼原因讓對方產生這樣的變化。

不過抖動也有可能是對好消息產生反應——我把它稱之為「快樂腳」（happy feet）。我曾見過職業的撲克牌玩家，當他們覺得篤定贏牌時，桌底下就會出現「快樂腳」，不過臉上依舊面無表情。當我們快樂的時候，往往忍不住想要跳舞或上下跳動，像我過去就看到女子網球明星小威廉絲（Serena Williams），她在贏得巡迴賽的冠軍後樂得手足舞蹈。

第三章
讓他的身體說實話

不過有些人是天生就坐立難安，這樣的動作就是他們的基準行為，所以他們的不適感就要從動作的速率改變，或是突然停止不動（靜止）或加強（逃跑）看出來。

如果腳從抖動變成踢——上下、來回的用腳踢——表示對於當下的狀況十分不滿，恨不得把它一腳踢開。如果某人**重複扭動腳踝，則表示壓力大、生氣或不耐煩**。重複的動作通常代表安撫或緩和緊張，但變成不由自主的行為時，反倒可能是緊張的抽搐或病態，例如重複洗手從心理學上來看，原本是一種安撫情緒的行為，不過若變成不由自主的做這件事時，就成了一種會影響正常生活的疾病。

「指示脫逃方向」的腳

如果某位同事改變站姿，使得一腳或雙腳轉向一邊（見下頁圖1），這表示他很想走開。也許是因為你們的談話讓他覺得不舒服，或是他急著去開會，這時你最好很有技巧的結束你們的談話。我曾經看過有員工與他們的主管講話時，出現這樣的畫面：員工的腳沒有轉向主管（臀部稍微轉了方向），這表示他們之間有不同的想法，員工可能想要開溜或希望自己不在場。

心情好，走路輕飄飄

前面曾經提過，對抗地心引力的行為，強烈的散發出心滿意足或是快樂喜悅之情。當你的老闆在接聽一通重要電話時，請留意他的舉動，如果生意順利成交了，他可能會昂首

圖 1

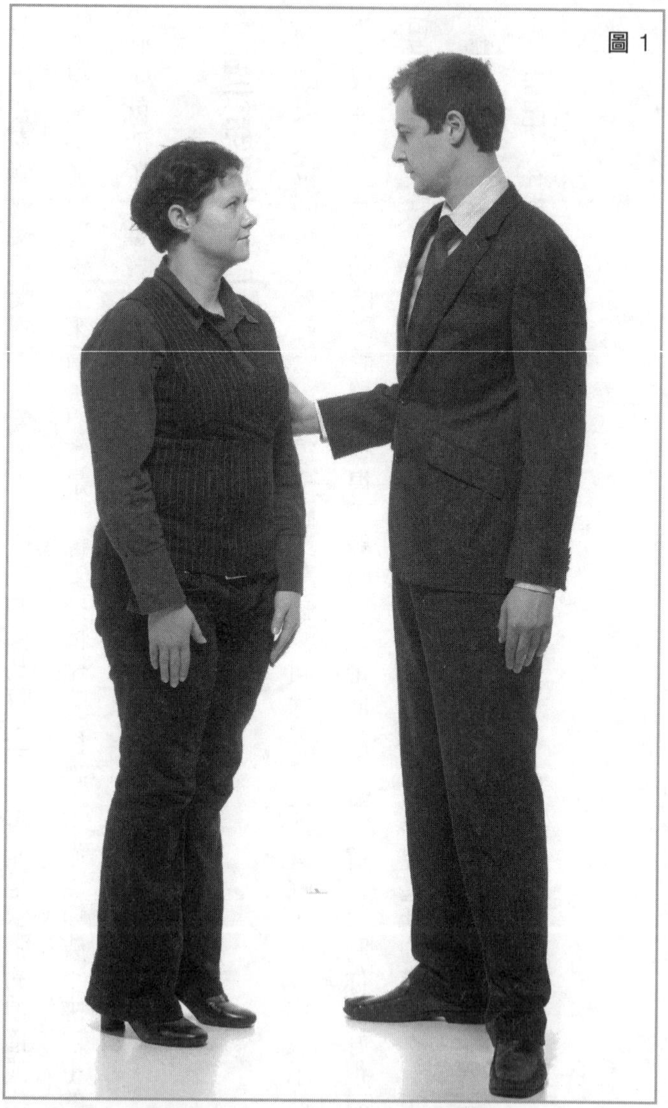

當某人想離開時，他的一隻腳會朝向要離開的方向。與他人談話時須留意這個動作，這是對方明確表示「我必須離開」的意向。

闊步的走出辦公室；在講電話的人，如果跟對方聊得很開心或是心情特別愉快，通常會把一隻腳的腳尖翹起來。

研究非言語溝通的書籍鮮少提及「腳」，但其實從腳可以看出很多有關大腦方面的資訊。當我派駐在紐約時，一位曾經與我一起受訓的同學請我看一支錄影帶，裡頭是幾名跟黑道有關的傢伙，其中特別引人注意的畫面就是當他們拿到錢時，步伐都很輕快。我們只要看一個人走路的姿態，就大概知道他那天的心情如何。

起動者姿勢

起動者姿勢（the starter's position，見下頁圖2）也是一種對抗地心引力的姿勢：坐著的人把一隻腳往前，另一隻腳在後，身體的重量放在腳掌。當我們對於眼前的事極感興趣時（「再多講一點，我很喜歡聽你現在講的這件事！」），就會擺出這個姿勢。同時，伴隨這個姿勢同時出現的是眼睛一亮，或是喜悅的臉部表情。

另一方面，做這個動作也經常表示我們想要離開。譬如你正在跟某個比你資深的人講話，當對方若有所思、不發一語的擺出這個姿勢時，你可以問對方是否還有別的事，或很有技巧的結束談話，因為他們很可能還要去別的地方。

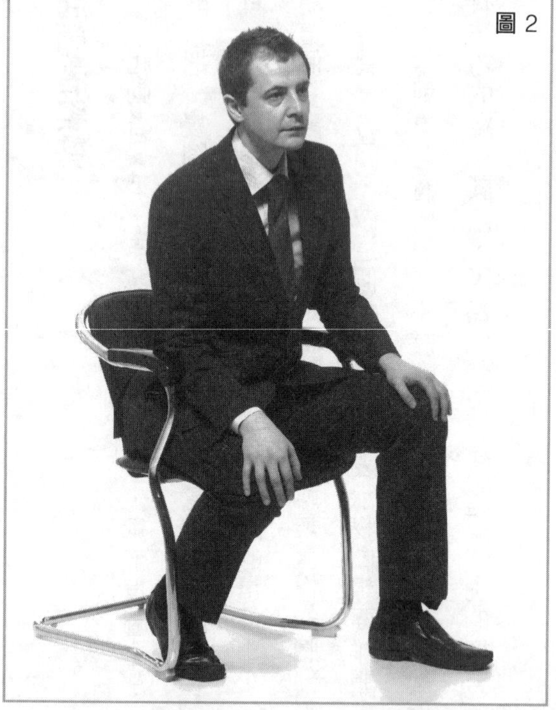

圖 2

雙手握住膝蓋，兩腳擺出起動者的姿勢，可能表示此人想起身離開。

腿張開，我當家

兩腿張開是一種宣示領域的行為，表示「這裡是由我當家作主」，或「這裡是我的地盤，我啥都不怕」。當我們需要讓自己的身材看起來更加高大時，腦緣系統就會命令雙腿做出張開的站姿，主管常會做出這樣的行為，警察人員也是，他們經常打開雙腿以展現權威與優勢。不管是坐著還是站著，雙腿打開都代表以十足的信心宣示權威、優勢或威脅，究竟是哪一種情況則要視當時的狀況而定。若想降低緊張的情勢，就把腿靠攏一些，減低宣示領土的意味。

第三章
讓他的身體說實話

腿交叉，站著聊

雙腿交叉站著，代表信心十足與放鬆，因為你無法以這個姿勢逃跑或奮戰，當你處於被脅迫的狀態下時，腦緣系統會禁止你做這個動作。當一群同事在進行腦力激盪，或是兩個朋友相談甚歡，就會看到他們的兩腳在腳踝處交叉。如果他們還彼此模仿對方的雙腿交叉動作，更顯示他們感到安心自在。

如果你們是面對面坐在一起交談，可以從對方蹺腳的方向看出你們相處的情況，如果你們相處融洽，蹺在上方的腿就會朝向你，如果你們的談話產生負面反應，兩腿就會交叉（或重新交叉），這麼一來大腿就成了你們之間的障礙（如下頁圖3、4）。如果你之前未曾注意過此事，不妨觀察一下人們的互動，並留意他們如何變換腿部姿勢以加強溝通。

雙腳交扣，緊張了

腳踝緊緊交扣，或是把腳踝繞在椅腳旁邊固定住，這兩種動作都是顯示關切或焦慮的靜止行為。當人們在交談時，忽然出現雙腳交扣的行為，有可能是發生了負面的事情。雖然許多女性被教導坐的時候腳踝要交叉，但如果這樣的動作維持一段時間，而且交叉的腳踝顯然有使力扣得很緊，或出現其他限制腿部動作的使力行為，都表示此人感到憂心忡

圖 3

這種蹺腳姿勢會在兩人之間形成障礙，當你們談到某個不愉快的事情時，趕緊看看對方是否出現這樣的姿勢。

圖 4

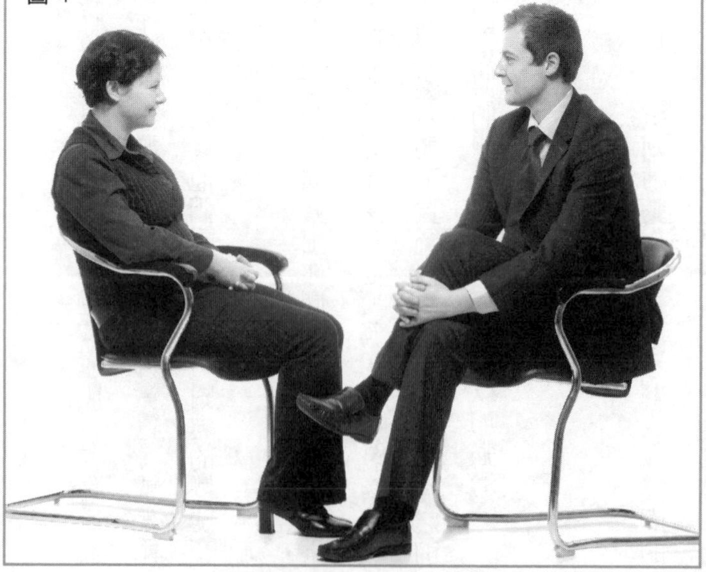

把膝蓋移開代表移除兩人之間的障礙，是顯示開放與自在的訊號。

忡，如果某人在回答問題時突然扣住腳踝，多半是心裡不安。

用手蹭腿，很不安

用手磨蹭大腿到膝蓋（見圖5）是一種安撫行為，可能出現在許多場合：有些人在參加派對時，往往會坐下來搜尋可以講話的對象，這時候就會出現用手磨蹭大腿的動作。員工在接受糟糕的考績面談時，也會用手磨蹭大腿以舒緩焦慮的情緒。主管想要解決一個預算方面的問題時，也可能會這麼做，以安定情緒並保持專注。

人在面臨巨大壓力或是接獲令人震驚的消息時，通常會反覆用手做蹭腿的動作，而且渾然不覺次數越來越頻繁，或是力道越來越強勁。

圖5

蹭腿（手掌摩擦膝蓋）能在我們焦慮不安的時候安撫我們的情緒。

軀幹：沒得躲就背向你

想像一下：當你正在過馬路時，突然有輛車子闖紅燈並且呼嘯著向你駛來，這時候你會靜止不動，因為已經來不及跑開了，你只能做好被撞時的防護動作。

從上述這段話判斷，此時你的身體究竟「想要」做什麼？你的身體可能想要拉開距離，一定會反射性的轉過身去，用背部保護比較脆弱的身體正面，那其實是你的腦緣系統在指揮大局。

因為軀幹裡頭有心、肺、胃和生殖器等重要器官，其實是一個非常脆弱的部位，所有的動物都會保護這個部位。

如果你想搔一隻陌生貓咪的肚子，其實是在模仿掠食者的攻擊行為，這會讓貓咪的身體因為緊張而蜷曲，並伸出爪子抵抗，牠這麼做既是要保護牠的肚子，同時也是要將「敵人」開膛剖肚。

若與其他的哺乳類動物相較，人類因為直立行走而使得整個身體暴露在外，因此我們的軀幹或身體正面的動作，更會受到腦緣系統的強烈控制，所以會非常清楚的顯示出我們的自在程度。

第三章

讓他的身體說實話

用肚子贊成、用肚子反對

我在旅行的時候，非常喜歡觀察人們與所愛的人見面時的情形：他們的身子會往前傾，雙臂大大張開，軀幹完全暴露在對方面前，接著就是雙方來一個溫暖的擁抱，這就是我所謂的腹面相對（ventral fronting）。如果我們對當下的情況感覺很正面，我們會把身體傾向令我們感覺舒服的事物，這樣的動作會讓我們完全暴露出自己最脆弱的部位，以顯示對對方的信賴。腹面相對也是表示敬意的一種方式，如果你曾經和某個不願用身體正面來面對你的人談話，就會明白那種姿勢有多麼侮辱人，這也就是為什麼我們常聽到人家說：「轉過來，看著我！」

至於腹面抗拒（ventral denial）是指轉身不看令我們感到不愉快的事物。有時候當一個見面場合令我們越來越不舒服時，我們會把身體稍稍別過去，顯示我們的腦緣系統非常警覺，極力想要保護我們的軀幹。腹面相對還是腹面抗拒，對於顯示特定關係的好壞是極具參考價值的。

會議室與辦公室裡的旋轉椅更是一樣好工具，因為這種椅子可讓我們在與別人互動時，**隨時觀察別人腹面位置的快速變換**。另外，如果你想對老闆在會議中說的事情表示感興趣，別只是轉頭看著她，最好還要讓你的身子稍稍往前傾，讓軀幹朝向你的老闆。如果你以兩倍的速度觀看一支開會的影片，就會清楚看到「腹面相對」與「腹面抗拒」是如何精確的表達我們的感受。

開會時的國標舞

你發現到了嗎？當我們對某些事物感興趣時，身體必定會不自覺地往前傾，對於討厭的事物則會向後倒遠離。你不妨花點時間仔細觀察公司開會、聚餐酒會、家庭聚會中所出現的，這種像是跳國際標準舞的行為——前傾親近或後倒遠離某個刺激物，這種反應其實是源自於我們在嬰兒時期，與慈愛的父母互動時的情況。

用手或物體擋住軀體，這種動作能夠告訴我們：對方目前是否感到自在。這種防護動作有時相當明顯，譬如對方突然把雙臂在胸前交叉，而手指抓住手臂的力道越強烈，這人的不適感也越強；有時候則比較細微，譬如某個人藉由慢慢調整領帶，讓一隻手臂擋住前胸；至於扣上外套的釦子，有可能是一種護衛胸部的姿勢，但也有可能是向某人或某個場合表達敬意，這時候需參考當時的狀況才能做正確的判斷。早幾年，男性調整袖釦或是撥弄手錶的動作被當成是降低焦慮的防護行為，最近的趨勢則是察看手機，這樣的動作會讓**你看起來很忙碌，所以也是一種防護的行為。**

第三章
讓他的身體說實話

按照亞洲的風俗，彎腰鞠躬是表示尊敬的一種姿勢，雖然西方人通常不喜歡這麼做，不過長久以來它一直是表示服從或尊重的意思（主要是在宮廷裡）。在日趨國際化的全球經濟裡，如果你跟亞洲人做生意時，願意稍微彎下身子鞠躬為禮，對你是有好處的。

之前我在紐約市某家餐廳用餐時，就看到一位女士走進來，並向她的友人打招呼——一位坐在位子上等候的亞裔婦女，後到的這位西方女士跟對方熱絡的握手為禮，而且身體和頭部微微朝向對方前傾。像這樣一個快速但真誠的動作，顯然讓對方留下很好的印象，因為她的同伴立刻轉身、正面朝向她，兩人坐下後便一直笑咪咪的談話。認同與尊重他人的文化，乃是向對方表示敬意的一種有力方式。

聳肩縮起來與坐著攤開來

如果你要求貨運公司的主管解釋為什麼貨物沒準時送達，他只是輕微聳個肩表示：「我不知道。」這時你只要稍加追問，就會發現其實他知道原因，只是不肯透露而已。如果是真正的聳肩，兩邊的肩膀都會快速且很有力的聳起，這種對抗地心引力的姿勢，暗示說話者對於他的回答（「我不知道。」）十分有信心（見下頁圖6、7）。

當某人把他的身體與手臂張開，再加上雙腿也張開（見下頁圖8、9），必須參考當時的情況才能斷定該行為的含意。一般來說，這樣的動作通常代表當事人覺得非常舒適自

圖 6

只有單邊的肩膀聳起，通常代表不投入或缺乏信心。

圖 7

兩邊肩膀都聳起，通常表示：「我不知道。」注意看兩邊肩膀是否都有聳起，若只有單邊聳起，代表說話者對自己說的話並不十分確定。

圖 8

四肢伸展是一種宣示領土的動作，在你自己的空間內這麼做是無妨的，但如果是在老闆的辦公室或面試時，絕不可以出現這樣的動作。

圖 9

把手臂伸長放在另外一張椅子上，或甚至放在別人身上，代表你十分自在且充滿信心。

在，當你與同儕進行輕鬆的對話時，做出這樣的動作是無傷大雅的。不過因為它也帶有強烈的領土宣示或支配意味，所以在商務場合中必須小心。一般而言，只有位高權重的人才能在商務場合隨心所欲的伸展四肢。因為向地位較高的人讓出領土，本就是符合社會規範的行為。如果你是新進人員，你不只要保持警覺，而且還要管好你的手肘、手臂、雙腿與身體，讓它們放在適當的位置：朝向老闆。

手指輕輕觸，心裡很多話

下回當你行經某個建築工地時，不妨注意一下挖土機、拉鏟、滑輪與操縱桿的配置，就能了解我們每一次拿起公事包、放下日用品、彈奏某種樂器，或是抱起小孩時，我們的手臂是如何完美無瑕的執行這些動作，你會開始想了解人類手臂的複雜與美感。

我們的臂與掌，從前曾是我們身體前端的腿與腳，具有保護與行走的功能，因為受腦緣系統的指揮負責保護脆弱的軀體，所以它們也是非常誠實無欺的。你只要花十分鐘觀賞美式足球比賽，就會看到雙臂與雙手做了無以數計的防守和進攻的動作，包括阻擋、推撞及攫取，以及在接到球後像大力士般高高舉起並投擲出去。我們還會看到對抗地心引力的動作，例如慶祝達陣得分時的單手擊掌或握拳捶胸，還有因為失敗而出現的肩膀下垂與限制手臂動作等，向內退縮的靜止行為。

我們的雙手與手指，從我們的雙臂延伸出去，形成了一個優雅的系統，讓我們得以抓住外在的世界，並充分表達我們的內心狀態：**極其輕柔的指尖碰觸，代表好奇、敬畏或傾慕**。由於我們的雙臂、雙手與手指溝通的範疇極其廣大，所以我總是建議大家多花些時間好好研究這些動作，去了解別人的非言語行為基準。我們使用雙手和雙臂的方式受文化的影響極大：你如果遊遍地中海地區的國家，就會明白這句話的意思。那裡的人的雙手具有很強的表達能力，幸好他們的腦緣反應跟我們是一樣的。

老闆來了，身體收拾好

兩手扠腰，大拇指放在背後，手肘向兩邊頂起，是非常清楚的宣示支配地位的動作，執法人員、軍隊、警衛常會做出這個姿勢，當然還包括父母。從前我遲歸時，我母親就常擺出這個姿勢，它散發出的訊息是：「我不同意你的作為。」或「我是不會讓步的。」

女性在必要時只要兩手扠腰，就可以抗拒男性所展現之具有支配意味的非言語行為，因為這是一個很有力的展示。請注意，大拇指一定要放在後面，如果是放在前面，那麼這個姿勢所表現的「質問」意味大過於「支配」意味（見下頁圖10、11）。

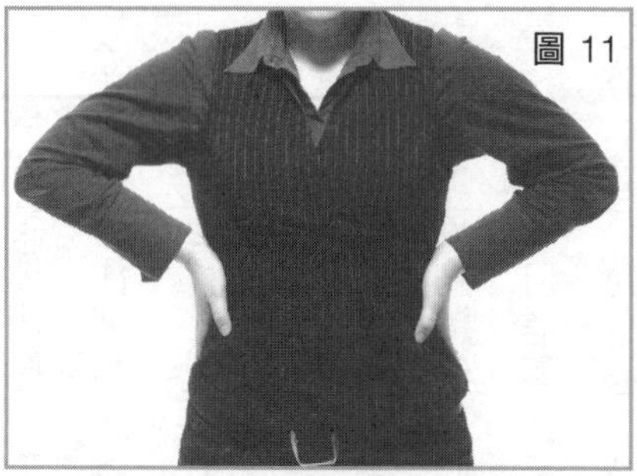

圖 11

如果大拇指放在前面，則質問的意味大過宣示權威，這個動作因為較無管東管西的味道，所以有助於降低雙方的緊張。

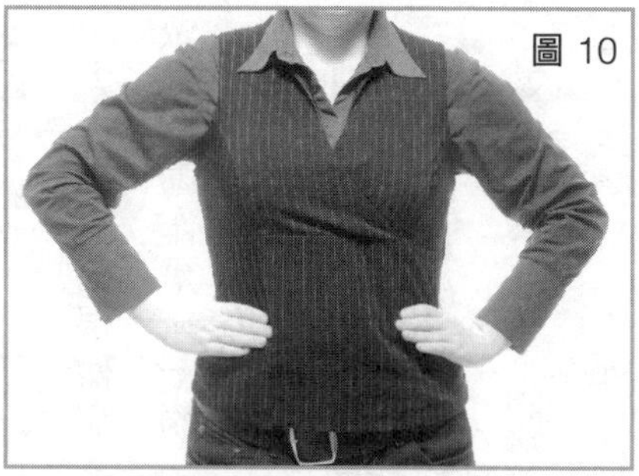

圖 10

雙手扠腰是宣示領土的動作，通常用來表示「我不同意」，注意大拇指要放在後面。

圖 12

雙手交握放在腦後，代表你覺得自在與有支配力，不過開會時，通常只有資深人士可以做這個動作。

另外請你想像一下，雙手放在腦後托住腦勺的畫面（見上頁圖12）：十指在腦後交握，身子往後傾。不管是輕鬆的社交聚會或是辦公室裡的談話，常會見到這個畫面，它也是一種充滿自信與宣示領土的姿勢：這個動作是不是跟眼鏡蛇昂首擴張，好讓自己看起來更大、更嚇人很像呢？對同輩做這個動作是無礙的，但在老闆面前卻是絕對不宜，只有老闆可以昂首擴張。事實上，如果主管來的時候你正好在做這個動作，你會下意識的立刻停住。

與前述昂首擴張有異曲同工之妙的行為，是在辦公桌或講臺之類的平面上，做出宣示領土的動作，下回如果有人對你做出如下的支配性動作：雙臂張開，指尖展開放在桌子上（見圖13），你不妨仔細察看你的身體有何反應。這個姿勢雖然很簡單，但因為它傳達

圖 13

雙手的大拇指打開，並把手放在桌子或講臺之類的平面上，是展現信心與權威的宣式領土動作。

出意義大不相同的訊息，所以要參考當時的情況，以及其他明顯的非言語行為一起做判斷。如果是最溫和的情況，它代表信心十足：「我知道自己在做什麼。」因為張開來的雙臂會侵犯到別人的空間，所以它也可以當作一種宣示領土的動作：「這裡是由我當家做主。」此外，它也可以用來宣示支配性：「你給我聽好！」這個動作如果再加上身體往前傾，就成了一種具有威脅意味的動作，因為它會令一個人看起來更高大、更強壯。

有些人會用隨身物品來擴大地盤，譬如把紙、水瓶、筆記本及電子儀器散放在會議桌上，這時候我們也必須參考周遭的情況才能做正確的判斷：它是反映出此人處於熟悉環境下的自在感，還是此人在展現他的權威？或此人試圖製造一種有力的印象？但**即使是情節最輕微的「桌面領土」侵犯，大多數人也不會喜歡**，所以大家必須尊重他人的空間與專業，在沒有取得對方的許可之前，絕對不要把你的東西放在別人的辦公桌上，而且無論如何，絕對不可以坐在別人的桌子上。

皇家儀態可能沒禮貌

如果某人的手臂是向內縮的——兩手在背後交握——它代表的可不是腹面相對的親近，而是想要保持距離：這就是所謂的「皇家儀態」（regal stance），它傳達的訊息是：

「別靠近！別碰我！」也可表示：「我的地位比你高。」所以手不想伸出來讓你碰。皇室成員常以這種姿勢走在平民百姓之中，大學裡的教授也會與學生這樣一起走，藍領勞工則很少會做出這種姿勢。這種非言語行為也表示此人正在處理資訊，或專心想事情，所以這時請與對方保持適當的距離，並留意對方是否發出你可以靠近的信號。如果某人散發出想要獨處的信號，請務必尊重對方的空間與獨處的需求。

第一印象？先看雙手

基於生存的目的，人類會對動作產生反應。而人類靈巧的雙手因為具有輔助生活的能力（餵食、提物、抱東西），以及施加重大傷害的能力（重擊、戳鑿、殺死），所以特別會受到注意。因為我們仰賴雙手保護自身的安全，所以我們對某人的雙手所產生的第一印象，會影響我們對此人的觀感。務必要保持雙手清潔，因為人類自古以來，就需要與健康且可能成長茁壯的人結盟。我們的雙手必須展現我們的健康：雙手必須是乾淨的（男士請注意，指甲的內縫也必須是乾淨的），而且皮膚不能露出因緊張抓出的痕跡，更不能出現咬得極難看的指甲，因為這都顯示當事人缺乏安全感。

手部保養得宜對於跟健康有關的職業（醫生或其他的保健行業），或是餐飲業（餐館的服務人員），以及金融業（銀行、資產管理）格外重要。向顧客展示商品的業務人員也應留意其手部的美觀，像我認識的一位珠寶商，便擁有一雙打理得很美，但不至於過分招搖的雙手，成了襯托昂貴珠寶的最佳畫框。眾多研究顯示，留長指甲的男士容易讓人感到噁心，因此男士的指甲不宜留長且不建議擦指甲油。

如果你是一位非常注意手部保養的女士，請注意指甲的長短要適中：它們畢竟是人類的指甲而非猛獸的尖爪。在商務場合絕不應出現過長的指甲，這絕非我個人的好惡，許多意見調查的結果皆指出，不論是男性或女性，都非常不喜歡過長的指甲。

另外，**把雙手放在別人看得見的地方**，記住，人類的腦緣系統已被設定為要密切注意雙手的意圖，擔任警衛的保全人員對於這一點更是接受了嚴格的訓練。即使現在我已經從FBI退休多年，我還是會留意接近我的人的手。執法人員都很清楚，只有雙手可以傷害你。所以你如果在開車的時候被警察攔下來，務必立刻把車窗搖下來，並且把雙手手掌朝上放在方向盤上，警察人員真的很欣賞這樣的行為，說不定可以讓你免掉一張罰單。

我常告訴企業主管，當環境需要時，好比說要表現出你明白對方的感受時，請讓雙手保持冷靜，至於其他大多數時候則要好好運用雙手。**那些不用手的人或是把手藏起來的人，其得到的待遇往往不如那些很懂得運用雙手的人。最具說服力的演說家很懂得用手勢引起聽眾的注意，或是強調說話的重點，並將令人難忘的情緒注入他們的訊息中。**

如果你打算管理部屬或銷售一項產品，就要學會如何使用雙臂及雙手來傳達你的訊息：譬如把它們當作支撐想法的框架、指揮樂曲的指揮棒、力量的象徵，以及在必要時當作謙遜的告示板。在私人的場合中，你可以藉由跟同伴做相同的手勢使彼此感到自在，並建立信賴，因為同步性就代表和諧。要留意適合觸摸的時機，在商務場合中，**有很多時機是絕對適當的**：例如強調重點、引起注意、插入談話、協助某人站上講臺、向別人道賀，只要是有助於溝通，都可以進行適當的觸摸。

關於雙手與雙臂還有另外一件事要注意：用手指物的時候，千萬要當心。沒有人喜歡被別人用手指著，某些國家甚至把用手指指人視為極端挑釁的行為，所以當你有疑慮的時候，千萬不要用手指著別人。**要用手指著某人的時候，比較明智的方法是把整隻手掌攤開來，垂直向著被指著的人，如果手掌朝上，那就更好了**：因為這個動作能得到相同的注意，也比較不會被別人怪罪。

開會面談，手擺哪裡？

塔狀手——雙手的指尖相抵形成塔狀（見下頁圖14），展現出充沛的信心，律師、法官、大學教授以及企業的主管常會做這個動作，其中有些人是天生自然，有些人則是受過

第三章
讓他的身體說實話

圖 14

塔狀手顯示信心與專注，也是用來讓別人相信，我們對自己充滿信心的最有力工具。

圖 15

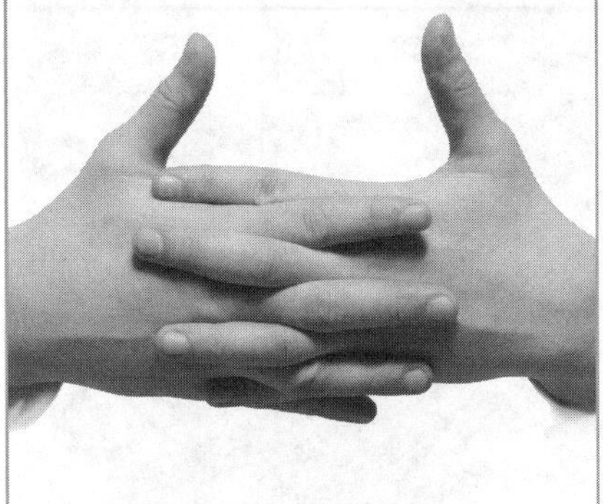

大拇指朝上的動作，跟其他對抗地心引力的動作一樣，代表我們對當下的情況充滿信心。

訓練刻意如此，以顯示他們對自己的想法、地位或所說的話深具信心。塔狀手雖然是下意識做出的，但其實還滿常見的，而且具有顯著的意義，暗示你對自己的表現、意見與想法感到安心自在。

塔狀手還能夠強化你的訊息，所以當你舉辦研討會或是演講，還是做簡報，只要在適當的時機做出塔狀手，就能讓別人知道你對自己的表現充滿信心。雖然多年前曾有人主張演講者不應做出塔狀手，但你不必理會這種說法，當某人出現此一行為時即明確告訴我們，他真的非常相信自己所做的話。

我發現**女性很少做出塔狀手，其實她們可以用這個動作取得與男性同等的地位**。當證人做出塔狀手時，陪審團往往比較相信他們的證詞。與塔狀手相反的是雙手緊握，雙手緊握通常意味著「我有疑慮」或「我不確定」。

大拇指朝上或露出來都代表信心，兩手交握且拇指朝上（見上頁圖15）也顯示信心；你不妨注意一下醫生或是高階人士說話時，很喜歡把大拇指從褲子口袋裡露出來。但如果我們把拇指隱藏起來（譬如放在口袋裡，其他手指則垂在兩側），這個動作傳達的訊息便大不相同，它會令我們看起來缺乏安全感（見圖16）。事實上，**請留意人們放在桌子上的雙手，當人覺得缺乏安全感時，拇指通常會隱藏在其他指頭下**（見圖17）。所以當你在應徵或是擔任領導工作時，千萬別把拇指藏起來，因為這會降低你的權威感與可信度。

圖 16

避免把大拇指插入口袋中，因為這會令你看起來缺乏安全感。

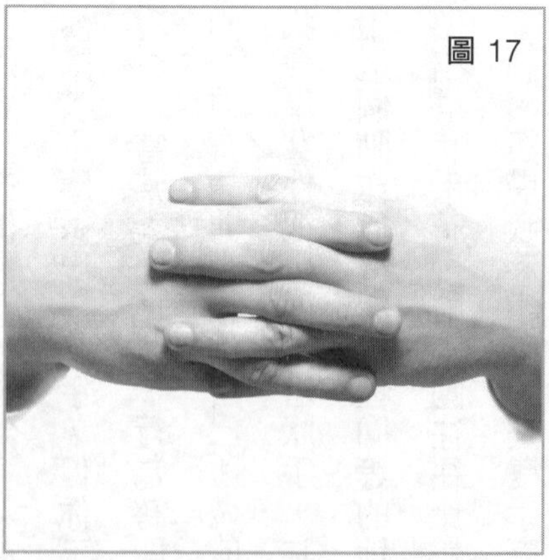

圖 17

此動作會出現在談話陷入低潮時，藏起大拇指代表缺乏信心，或是不敢強調自己所說的話。

第三章

讓他的身體說實話

你的「手語」不說謊

一個人會透過各種搓揉雙手的動作來釋放壓力，所以這類動作也代表此人信心低落，譬如兩手的掌心互相摩擦，或用手指搓揉另一隻手的掌心（見下頁圖18）。做這些動作的速度和力道也跟心情緊張的程度有關，如果搓手的時候手指變成相扣，形成像在祈禱的手勢，表示此人非常的擔心（見下頁圖19）。

我見過最極端的抒壓或安撫形式是，伸直的手指互相交纏且上下用力摩擦（見下頁圖20），這個動作通常只有在情緒極度沮喪或不安時才會出現，所以的確代表某人必須宣洩緊張的情緒，它透露的訊息是：「我非常擔心或懷疑。」

我們可以從手部動作的改變得知腦緣反應的變化，譬如某人的雙手從原本的放鬆與平靜，變成緊握或開始搓揉，或是雙手突然靜止不動，或是動作變少，或是把手縮回來放在膝上，這些反應都顯示此人缺乏信心，或是對當下的事態感到不安。

當我在FBI偵訊犯罪嫌疑人時，我會特別留意隱藏起來的手，尤其是當被問話的人**把手壓在屁股下坐著。限制手部的動作顯示此人高度不安**，而我們常在人們說謊或是做壞事被抓包的時候，看到這種行為。坐在手上通常能安撫不安的情緒，因為這個動作會迫使肩膀聳起貼近兩耳，對不安的情緒形成一種保護。

碰觸，可以載舟可以覆舟

我們已經談了如何利用雙手安撫自己，其實雙手還能幫助我們與他人連結，研究顯示，被人碰觸對於我們的健康是必要的，因為碰觸能降低心跳的頻率、降低焦慮、延年益壽，還可以促進人際關係。當我們碰觸別人時，腦部會釋放腦內啡，也會釋放催產素，它能促進彼此間的感情（最早是出現在父母與孩子之間，接著是兄弟姐妹，之後則是配偶或伴侶，這也就是為什麼夫妻會牽手的原因）。

研究人員已經發現，「碰觸」對於孩童的社交技能與智商的發展格外重要，缺乏觸摸的孩童在情緒與智能兩方面的發展皆略遜一籌。而且，人類對於身體接觸的需求並不會在青年時期停止，而是會延續一生。

我相信，帶有敬意的適當碰觸在商場上也是必要的，至於判斷適當與否的關鍵，在於搞清楚對方的舒適

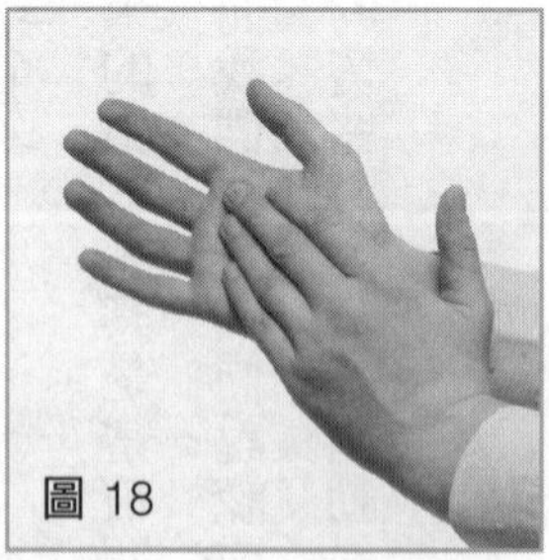
圖 18

摩擦雙手或用手指搓揉手心，皆可釋放壓力和緊張情緒。

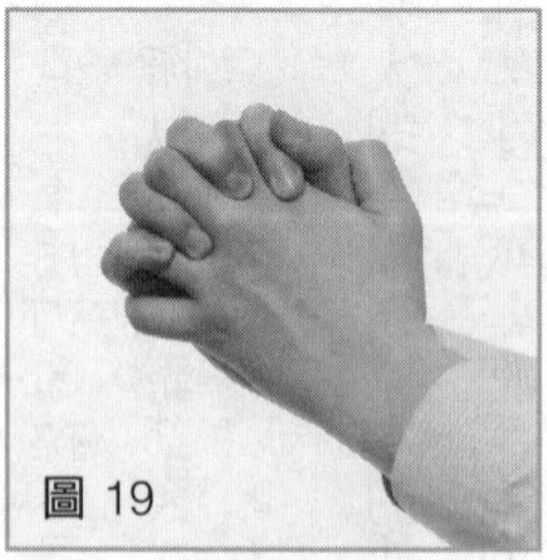
圖 19

雙手緊握代表擔心、關切或焦慮。

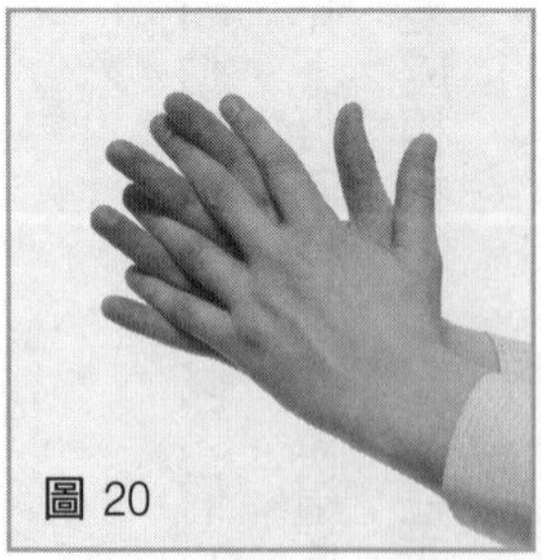
圖 20

手指伸長且交扣，代表高度焦慮、不安或壓力。

程度與社會規範，且要參酌當時的背景狀況。我的朋友都知道我天生喜歡擁抱別人，不過我明白很多人並不欣賞這麼親密的身體接觸，所以我們學習非言語行為判讀技巧的目的，就是要體會與尊重每個人對於距離和接觸的需求。你只要到老人院走一趟，就會看到這裡的長輩們十分渴望與人接觸和觸摸，這也就是為什麼有必要定期帶著治療犬（therapy dogs）探視他們。

因此，我們必須弄清楚什麼樣的行為在商務場合是適當的，什麼樣的表現在男性與女性同事之間是合宜的，以及什麼樣的動作在不同的文化中是被接受的，譬如拉丁美洲國家的男性很流行輕擁，擁抱時胸部要靠在一起，並用手臂環住對方的背部。

請運用你的觀察力，正確判斷對方對於碰觸的感受，當你不是百分百的確定時，最好是謹慎為宜。我曾在《FBI教你讀心術》一書中提過，在與素不相識的人見面時，若要讓對方感到安心的最佳方法，就是讓你的雙臂處於非常放鬆的姿勢（我很平靜），腹面相對（我信任你），如果可能的話，讓對方看到你的手心（我不會傷害你）。**在雙方握手之後，你可以把身體稍稍偏轉並退後一步，然後觀察對方的反應，看對方是靠近還是遠離你**，就能看出對方的空間需求。我們會在第七章詳細討論握手的相關資訊。

我希望你對於商務場合的非言語行為判讀技巧能夠更加提升，好能發揮碰觸應有的功能——促進人際關係的融洽——而不要讓對方覺得你是在威嚇或利用他。碰觸是很有用的，而且遍行全球無阻，只要你是以正確的目的使用它，就能促進彼此間的溝通。

臉部表情，負面的較誠實

人類非常善於解讀面部表情，就連小嬰兒也懂得分辨：對嬰兒擺臭臉，嬰兒就會被嚇哭。人類為了維持生存，於是透過察言觀色來締結合作關係、傳輸重要資訊，以及集結起來共同對抗危險。人的臉部肌肉構造極其精細複雜，可以做出成千上萬種表情，促成即時溝通彼此的感情、想法與情緒，使得我們能在短短幾秒內，發出大量的非言語資訊洪流。

正因為臉部表情在人類的互動上如此重要，所以我們很早就學會不讓內心真正的情緒顯露在臉上。由於這個緣故，再加上臉部表情千變萬化且十分細微，所以我們要特別留意那些一閃即逝的微動作，並將臉部表情搭配我們先前討論過的其他身體非言語行為一起做判讀：反應敏捷的軀幹、表情豐富的手與臂，以及誠實無欺的腳。

另外還要注意的是「混雜信號的判讀原則」，**當某人的面部表情與所說的話不一致，或是面部露出憂喜參半的表情，應該以先出現的負面情緒為準**。理由如下：屬於潛意識作用的腦緣反應，在速度和誠實度上，永遠贏過有意識的口語反應，同理，不安的情緒永遠快過愉悅的表情。因為很多時候人們會在顯露出真正的感受之後，再勉強「裝出高興的樣子」，所以不管他們嘴巴上說什麼，你若從他們臉上觀察到一閃即逝的厭惡、輕蔑、失望或冷漠的表情，才是他們真正的感受。

脖子露出來，心情露出來

我們只有在感到非常自在的時候才會偏著頭（見圖21），因為偏著頭會讓脖子暴露出來，而脖子是全身最脆弱的部位（空氣、食物、血液以及神經訊號的通道都集中在這）。

我常說人們在焦慮、害怕、與討厭或不認識的人相處時，幾乎不可能會偏著頭，你不妨觀察看看。若你在商務場合中看到對方偏著頭，就代表他可能接納你了。

圖 21

偏著頭代表：「我在聽你說話，我很自在，我樂於接受你的看法，我很友善。」我們只有在與友善的人相處時，或是處於友善的環境中，才會露出我們的脖子。

圖 22

摸脖子代表不自在、疑慮或缺乏安全感。

圖 23

撫摸或遮住胸窩代表缺乏安全感、不自在、害怕或憂慮。

另外，還要留意對方是否出現摸脖子的動作，因為這代表他試圖安撫自己（見圖22）；此外，遮住脖子或胸窩（suprasternal notch，見圖23），也是非常重要的行為線索，當腦緣系統認為我們遇到不尋常的刺激物，需要格外留意時就會出現這種反應。

我們通常只有在對某件事情感到困擾、威脅、疑惑，或是面臨一項潛在的威脅，或是缺乏安全感時才會摸脖子。這樣的行為從生物學的觀點來看是很有道理的，因為脖子是全身最脆弱的部位。

此外，蹙額是一個常見的非言語行為，但需要參考周遭的狀況才能正確判讀，因為它可能的含意包括專注、擔心、困惑、悲傷或是生氣，如果再加上摸頭的動作，通常表示此人正為某事煩惱。

至於下巴抬起來的動作，則跟其他「向上」的非言語行為（譬如腳尖、手臂、大拇指朝上）一樣，代表充滿信心。下巴朝上也是一種對抗地心引力的姿勢，而且因為這動作看起來太有自信了，所以常被視為驕傲自大。抬高下巴的行為在歐洲特別常見，俄羅斯部隊在閱兵時還特別要求抬高下巴，是一種必要的禮節。

如果下巴向內縮則會使脖子的曝露程度達到最小，很像烏龜在遇到威脅時把整個身子縮進龜殼裡，所以當我們把下巴縮進去時，表示缺乏自信。

有的人為什麼老眨眼？

眼睛是我們接收資訊的重要管道，但是當我們看到、聽到或發現令我們不認同或害怕的事情時，往往會忍不住遮住眼睛，我們會短暫的碰觸眼皮，或是做出把整個頭埋在雙掌裡頭那樣的大動作。這種阻斷視線的行為因為屬於反射性動作，而且是我們與生俱來共通的非言語行為模式，所以常被人忽略。不過這些行為的影響力實在很驚人，即使是天生失明的孩子在聽到不喜歡的事情時，也會遮住雙眼（見下頁圖24—27），這表示阻斷視線的行為已經深植在我們的大腦裡。如果你看到某人做出遮住眼睛的行為，要立刻檢視這個動

圖 25

談話中突然摸眼睛，表示此人需要安撫一下自己的負面情緒。

圖 24

遮住眼睛代表：「我不喜歡剛剛聽到、看到或知道的事情。」

圖 27

雙眼緊閉代表非常強烈的負面情緒或失落感。

圖 26

眼睛閉上一陣子才張開，表示此人在掩飾其負面情緒。

第三章

讓他的身體說實話

作出現之前的那件事，它通常表示某人正為此事感到為難。

我們眨眼的頻率，同樣也是由腦緣系統控制，所以**當我們遇到困難時，眨眼的頻率會增加**，有可能是因為聽到不愉快的訊息而感到不安。快速眨眼是一個非常明確的訊號，顯示不安的情緒，通常會在以下的情況看到：因為做簡報而緊張；對同事講的黃色笑話感到不悅；公眾人物在記者會上被問到一個尖銳的問題；當你想要表達自己的某個想法。千萬別忽略了快速眨眼這個非言語行為，因為它對於指出人際關係中令人在意的地方，是非常可信且有用的。

還有一種類似快速眨眼的動作，就是眼皮非常快速的開闔，前者看起來像是有使力在眨眼皮，後者則是極度快速開閉，常見於說話結巴的人，或是拚命想要說某件事的人，或是犯下了可怕錯誤的人。當我們突然被別人要求提供某些訊息，或是急著要找到適當的用語時，也會出現這種行為，所以我不會把眼皮快速開闔跟欺騙扯上關係。

雖然眼皮快速開闔未必跟欺騙有關，但它的確會引起別人的疑心。我曾與某位助理檢察官一同出席某個案件的審判庭，這位助理檢察官戴了一副新配的隱形眼鏡，結果他眨眼的次數簡直要破表了，陪審員全都以懷疑的眼光看著他。我建議他趕緊把這個情況告訴陪審團，以去除陪審團的疑慮，於是他在對陪審團致意的開場白中順便提及：「如果你看到我一直眨眼，那是因為我戴了一副新的隱形眼鏡。」話一說完，陪審團立刻露出如釋重負的表情，並且點頭表示同意與同情。

瞇眼同樣也是一個顯露不安情緒的常見阻斷視線行為，我們用瞇眼避開不愉快的事物，例如灰塵、陽光、困惑；或是某個令我們不滿意的協商條件；或是牙醫告訴我們要做根管治療；或是當我們看到某個不喜歡的人。

瞇眼的動作往往在一瞬間出現或消失，但如果不愉快的因素（吵雜的音樂、小孩子尖銳的哭鬧聲）持續不停的話，也有可能會瞇著眼一段時間。如果瞇眼再加上皺眉（見圖28），其緊張不安的意味就更加倍了，瞇眼跟眨眼一樣，也是個不容忽視的非言語行為。

圖 28

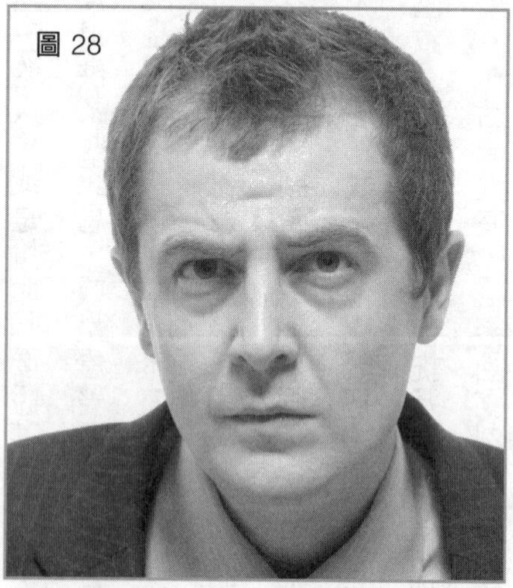

瞇眼加上皺眉與扭曲的臉部表情，表示壓力與不安。

眼睛不管遇到正面還是負面的刺激——亮光、壞消息、討厭的想法，或是心愛的某個人——都會產生反應，反應的形式是瞳孔放大或收縮。一開始瞳孔會放大以便讓最多的光線進來，幫助大腦處理我們看到的東西，但如果大腦判斷刺激物是負面的，瞳孔就會立刻收縮而聚焦，讓我們盡可能看清楚眼前的「威脅」，方便逃跑或奮戰。

由於瞳孔會在千分之一秒的瞬間改變，如果對方的眼睛又是深色的，往往難以觀察到瞳孔的反應。不過也正因為瞳孔這種瞬息萬變的特性，再加上我們無法控制瞳孔的動作，使得這個非言語行為能夠真實呈現我們內心的狀態。

眼睛往旁邊瞄再加上頭往旁邊略偏，就是所謂的斜睨，這個動作代表某種程度的懷疑或不信任。下一次當你在開會時，不妨觀察一下某個人正在講話時，與會的其他人做出什麼反應，說不定就會在某些人臉上看到這個表情。

第三章
讓他的身體說實話

愛戀的眼光是……

我們常形容熱戀中的情侶：「兩個人的眼睛裡頭只有對方。」此話一點不假：直視對方的眼睛是一種由來已久的求偶招數。大家已經曉得，瞳孔會因為要看清什麼東西在吸引我們而放大，這也就難怪戀人會長時間盯著對方。不過我們對於不信任的人或環境也會「看緊點」——毫不移開目光；只有在我們對對方真正放心時，才會把目光從對方身上移開，去專心思考自己的事。**當我們以輕鬆自在的心情注視對方時，眼部四周的肌肉是放鬆的，而且目光可以自由移動，既不是盯住對方，但也不是四處打量。**

眉毛揚起是一種對抗地心引力的表情，這時候眼睛會睜大讓更多光線進來，表示我們看到對方，所以我們在看到家人或好友時會揚起眉毛（見下頁圖29）。當我們在同學會看到大學室友或喜愛的人走進來時，我們的眉毛就會拱起來，且瞳孔會放大，迎接此一開心的畫面。更引人注目的是所謂的「銅鈴眼」（flashbulb eyes），是指眉毛快速且誇張的揚起，你不妨回想一下你上次參加驚喜生日派對時，壽星進門的場景。

鼻子說：「咱們上！」

大多數人都會忽略鼻子，不過鼻子還是有值得注意的地方。當我們打算做某件事時，我們的鼻翼通常會擴大及震動，因為這個動作會提供更多的氧氣，所以通常暗示我們的身體即將進行某種動作（站起身來、走出去、打鬥）。

由於鼻子有成千上萬的神經末梢，所以當我們聞到或發現某樣東西腐爛了，鼻頭會不由自主的皺起來。有趣的是，當我們覺得某項交易似乎「不大對勁」，或是不喜歡看到或聽到某件事時，也會做出相同的表情（見下頁圖30）。

我們都曾做過而且別人也曾對我們做出這樣的表情：表情不大自然的禮貌性微笑，這是我們對於不大熟識或是不喜歡的人的反應，若是對信任和喜歡的人，則會擺出陽光般的真實笑臉，兩者的差別在於笑的時候是否用到眼輪匝肌（orbicularis oculi）。

圖 29

眉毛向上拱起也是一種對抗地心引力的表情，通常代表非常正面的情緒，或是真心誠意的問候。

圖 30

小時候，我們就會以皺鼻頭表示不喜歡或憎惡，成年後我們仍會做這種表情，只不過不再那麼明目張膽，而是一閃而過。

別禮貌性微笑、打量客戶

如果是虛偽的假笑或是禮貌性微笑，嘴角雖然拉開了，但嘴卻是閉上的，而且眼裡幾乎看不出任何情緒，因為腦緣系統要你「做做樣子」。

如果是出於**真心的微笑**，嘴唇會朝著兩頰向上拉提，並露出牙齒，由於眼輪匝肌的熱情參與，所以**眼角會出現所謂的魚尾紋**，眼睛則顯露出正面的情緒：瞳孔放大、眉毛上揚，表情顯得非常興奮。世上再也沒有比真正的笑容更有力、更容易讓人卸下心防，且受人歡迎的非言語行為。

相反的，當我們感到苦惱時嘴巴會緊緊閉上，這是個具有阻斷意味的腦緣反應。這時不僅嘴脣會緊閉，脣部肌肉也會繃緊，當壓力變大時，嘴脣甚至會隨著不安程度的遞增而逐漸消失不見：**心情平靜時嘴脣完全看得見，壓力變大時雙脣緊閉，到最後甚至消失不見**（見圖31—33，依序為正常的嘴型；嘴脣消失不見；雙脣緊閉）。

當壓力達到極限，或是深刻的感受到負面的反應時，嘴脣會真的看不見，而且嘴角會因大幅往下拉而呈ㄇ字型（見下頁圖34）。

我們常會在以下的新聞事件中看到這些顯示壓力的非言語行為，譬如士兵哀悼同袍的喪命，或是災難倖存者的絕望表情，或是公眾人物爆發難堪的貪汙弊案或性醜聞。

當我們與人談話、談判或是做簡報時，要留意緊抿的嘴脣，這通常代表不滿意或另有不同的看法，這時你就該好好處理此事。抿嘴的動作有一部分是源自於我們的腦緣系統，它會下令禁止討厭的東西進入我們的嘴

圖 31

當我們感覺心滿意足或毫無壓力時，就可看到完整的嘴脣。

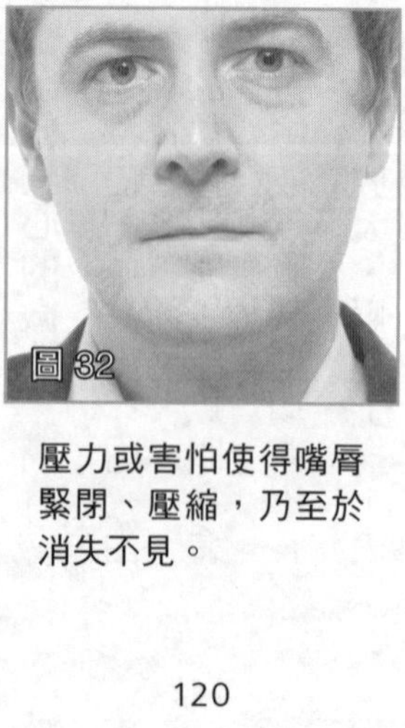

圖 32

壓力或害怕使得嘴脣緊閉、壓縮，乃至於消失不見。

圖 33

嘴脣壓縮跟壓力或是焦慮有關，壓力出現時，嘴脣看起來好像不見了。

第三章
讓他的身體說實話

圖 34

心情極度苦惱時嘴脣會消失不見，嘴角會大幅下垂而呈ㄇ字型，如圖中的美國前總統柯林頓非常不情願的宣布，他的太太希拉蕊決定不繼續與歐巴馬爭取民主黨的總統候選人提名。

巴，你不妨想像一下餵小朋友吃青椒的畫面，他們多半會做出嘴巴緊抿的反應，此一行為會一直持續到我們成年，最常見的就是會議中當我們不認同某人的意見時，就會做出這個表情。

舔嘴脣、摸嘴巴、咬指甲或咬東西（嘴脣、筆蓋、鉛筆或口香糖）都是為了抒壓所做的安撫行為，這些與嘴脣和舌頭有關的行為，可以按摩布滿神經的嘴部，所以算是「成人版」的吸吮動作。那原本是我們在嬰兒期所做的行為，不但能供給我們身體成長所需的營養，而且還會釋放安定我們神經系統的化學物質來安撫我們的情緒。吸吮是種與生俱來的行為，攝影大師連納・尼爾森（Lennart Nilsson）便拍攝到胚胎在子宮內吮大拇指的照片。

當我們的嘴唇因為緊張而變得乾燥時，自然會想要舔嘴唇讓嘴唇溼潤，不過一直舔嘴唇（安撫行為）卻會洩露出我們的心情極度緊張，這將令我們無法產生自信。咬指甲或其他東西，也特別容易讓人產生缺乏安全感的聯想，如果你有這些習慣，它們會破壞你的專業形象，一定要想辦法戒除才是。

圖 35

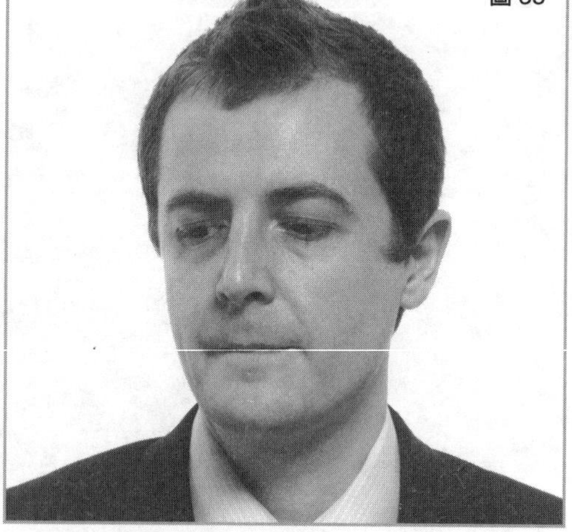

冷笑代表不尊重、輕視或嫌惡，彷彿在說：「我看不起你。」

冷笑（見圖35）是一種不尊重、輕視或嫌惡的表情，這個表情雖然常常只在臉上一閃而過，卻是顯露某人內心真正想法的重要指標。當員工覺得被客戶或老闆利用時，往往會露出不屑的表情，有時我們在商店裡請店員過來幫忙時，他們也會露出這種嫌惡的表情。我有個朋友告訴我，曾有一名醫生問她一個體重方面的問題，而且還帶上一個輕蔑的表情，氣得她再也不去看這名醫生。

順帶一提，如果有店員對我做出這種不敬的表情，我會立刻告訴對方以及他們的老闆，說我不欣賞這樣的行為，因為老闆付錢僱用他，原本就是要他服務客人的。**眼睛滴溜**

滴溜的打轉也是同樣的意思，它意味著「我瞧不起你」，所以若你看到這樣的表情，也應立刻告訴對方你不欣賞這樣的行為，因為你知道這代表什麼意思。

她說話時撩動頭髮……

人們所穿戴的服裝和飾品，通常要比言語更能顯露出他們的興趣、人脈，以及他們想要讓我們知道的事情。所以在這一節當中，我要教大家如何從我們對服飾所做的一些行為，來看出我們的腦緣狀態。至於你如果想了解如何運用服裝和飾品來影響別人對你的觀感，則請參考第五章。

我們常藉由撥弄我們的服裝和飾品來安撫情緒，或是精心打扮以引起別人的注意。不管我們是摸皮帶或撥弄袖釦，撥弄手錶或手鍊，把玩外套的拉鍊、項鍊或圍巾，摸耳垂或耳環，調整領帶或上衣的領子（見下頁圖36），**都能讓自己的心情平靜下來。有時我們還會做一些「通風透氣」的動作**，像是把手伸進衣領與脖子之間，並且把衣服往外拉開一些，或是把頭髮從脖子上撥開。

常見的阻斷行為包括用背包、公事包或筆記本擋住身體；把雙臂抱胸當作障礙物；把外套的鈕子扣上，或是拎起外套掛在手臂上或雙手形成的圈圈裡來遮蔽自己。

圖 36

調整衣服（釦子或袖子），尤其是脖子附近（領帶），通常表示不安。

有時候我們會做一些整理儀容的行為，像是把頭髮弄整齊、撫平皮膚或衣服上的紋路，或甚至用手框著生殖器周遭：把大拇指插在腰帶裡頭，其他外露的指頭則向下垂著，好像拱住小腹，其實是箍住生殖器上方，這是一種展現支配主導的動作，如果穿牛仔褲，這種手勢與生殖器之間的關係更明顯。

你或許會認為，後面這種行為比較少在公開場合見到，但最近我就在一場記者會上看到，當時圍繞在主管身邊的一名重要部屬，不自覺的做出這個動作。

健康的人會維持良好的儀表，我們會細心打理自己的儀容（調整領帶、抽掉多餘的線頭），致力於讓外表臻於完美，好能吸引其他人的注意（鳥兒也會這麼做）。我常教律師在陪審團進入法庭時，好好整理自己的儀容，因為經過一番修飾，把衣服整平、腰帶繫好之後，他們會顯得煥然一新：這代表我很重視此事。適當的打扮在職場上確有必要。

當你在練習觀察非言語行為時，就會開始從每一次的與人互動中，更加留意身體說話的方式。你也許無法記住我們所討論過的每一個術語，但很快的你就會發現，自己能夠更精確的觀察別人。只要假以時日的練習，你的非言語行為判讀技巧就能讓你讀出很多行為的言外之意，這是因為你越來越清楚存在於兩個人之間的無聲對話是什麼意思。

你將在下一章開始運用你自己的非言語溝通藝術，盡力展現出最能夠代表你這個人的行為，令別人視你為領導者，接受你的權威，並放心的信任你。在現今的商業世界裡，成功必備的技能可說是日新月異，而且企業比以前更需要維繫住客戶，所以你一定要懂得如何透過非言語行為，進行有效的溝通。

Part 2

聰明運用
非言語行為

第 4 章

用「樣子」展現「裡子」

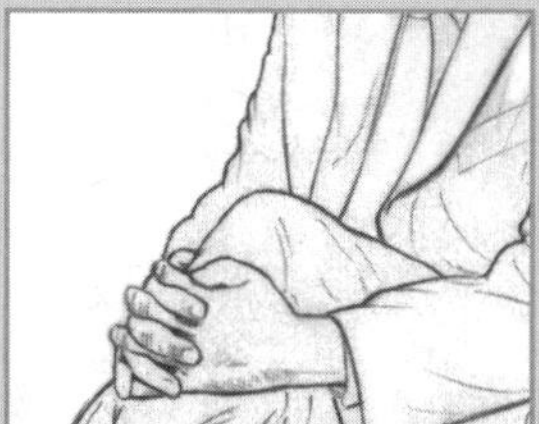

大批群眾已經聚集在法院外一整天了，如潮水般的人群散發出一股劍拔弩張的不祥氣氛。此刻聚集的民眾超過數千人。隨著人數的增加，示威者的怒火也越來越猛烈，膽子也越來越大：他們反覆呼喊著抗議的口號，並不斷發出怒吼及謾罵。

時間是一九八五年，波多黎各的民族主義人士集結在首都聖胡安市的聯邦法院大廈外抗議，而法院內只有我們區區數十個人，抗議行為已經持續好幾小時，令法院裡的人——包括好幾位緊張的FBI探員——越來越擔心。許多年輕探員從未見識過這種場面，也未曾與為數如此眾多、難以駕馭的暴徒對峙，現場情勢一觸即發，隨時有可能演變成暴動。

這時候率領這次特別行動的站主任理查．赫德突然站到大家面前，告訴大家：「這場抗議行動最後一定會平息的，因為過去兩個小時抗議群眾的人數並未增加，今天跟平常沒什麼兩樣，大家照樣認真工作就是了。」說完他就步出法院，直接朝著大聲咆哮的群眾走去，若無其事的「照常」做他的工作。

你肯定無法想像這個動作對我們產生了什麼樣的影響，看到我們的領導者正面迎向如此嚴峻的處境，展現出百分之百的冷靜和信心，令我們打從心底感到敬佩。他泰然自若的走進咆哮怒罵的抗議人潮裡，以一種光是說話永遠無法達到的方式，激勵了我們的士氣，樹立一個強而有力的典範，贏得了我們的尊敬。

他的行動無疑是一種重要的典範，說明**「非言語溝通」不只包含身體的動作，還包括**

第四章

用「樣子」展現「裡子」

我們怎麼行動、怎麼作為與怎麼表現。

不論我們是刻意的還是不由自主，我們的身體都會不斷發出訊息，而我們的行為也同樣會傳遞出某種訊息，只不過這是由另外一種有意識的非言語行為、也就是我們的態度所驅策。人類經過長時間的演化之後，能夠透過種種有意識與潛意識的作為，讓別人知道我們的感受與想法。不論是老兵們回憶當年勇，或是非洲土著訴說傳奇的打獵故事，還是商人輪流講述精彩的爾虞我詐，其實都在述說某人在關鍵時刻所及時採取的決定性作為。我們在別人眼中是什麼樣的人，並非光看我們說了什麼，還得參考我們每天的作為而決定。

你不妨試著隱藏你的非言語行為，撲克牌玩家跟罪犯都拚命這麼做，但是真相終究會大白的，你的身體沒辦法永遠堅不吐實。我們的每個行為都有它的含意，每個行動都會傳遞出一項訊息，而且多半有著極其微妙的差異，所以很難用語言文字形容。你不難想見，如果我們要把身體自由表達的每件事都用嘴巴說出來，恐怕會累死。

過去我在發表某場演講之前，幫忙把講義放在與會來賓的座椅上，其中有位來賓因為來得早，便主動向我表示：「你好，我也來幫忙發講義吧。」他完全不必開口告訴我他是個什麼樣的人，我就可以從他的行動中得知，我相信他的老闆也會明白這一點。

你的行為、感受、意圖、工作態度和職業道德，會讓大家認為你是個什麼樣的人呢？這並非一些無關痛癢的問題，因為在許多行業裡，別人對我們的評價會決定我們的成就高低，光用嘴巴告訴別人：「你可以信任我。」並不夠，他們必須看到能夠信任你的事實；光用嘴巴說：「我是個認真做事的人。」跟你實際展現的拚勁也是不能相提並論的。**真正能夠讓別人記住的，是你長期以來做事的態度，在商場上這稱之為「信譽」或「專業素養」，在生活上則稱之為「人格」**。

其實，我們可以在很多方面運用我所謂的「非言語行為成功法」（nonverbals of success），全方位的影響別人對我們的看法，這套成功心法包含很多個面向，但最重要的莫過於我們的整體表現。

一路仿效，形成格調

不論我們在組織裡的職位是高是低，每個人無時無刻不受到旁人的檢驗。別人總是在暗中觀察，看我們是聰明還是愚蠢，是開朗還是陰沉，是活力充沛還是疲憊不堪，是興致高昂還是感到無聊，是充滿信心還是擔心害怕，是消息靈通還是不知不覺，是謙遜有禮還是驕傲自大。我們無法躲過別人的論斷，因為這些形容詞原本就是我們自己的作為所顯現出來的樣子，所以，你知道你的表現如何嗎？你看起來像個領導者還是跟隨者？是無能還是無所不能？

第四章
用「樣子」展現「裡子」

你不妨參考那些成功人士，看看他們展現出什麼樣的風範。以下是我個人最喜歡的一個成功典範，此人出生於一個牙買加移民家庭，在紐約市的南布朗克斯區長大。現在的他不論走到哪裡，總是吸引眾人的目光和敬意，他還沒開口說話之前，大家只覺得這個人溫文儒雅、謙恭有禮，且魅力四射，等他開口說話之後，眾人更是為他的機智過人、幽默風趣與才思敏捷而迷倒。

哦哦，如果你我也擁有上述所有的特質，早就躋身各大企業的董事會了吧！我說的這個人，是美國前國務卿兼參謀長聯席會議主席鮑爾將軍（Colin Powell，這些還只是他的一部分頭銜而已），你一定很好奇，他如何從一個在布朗克斯區長大的小孩，成為遠赴越南打仗的軍人，最終更成為位高權重的大官吧？

這是因為他幾十年來做事一直非常努力，一路模仿他所景仰的成功人士怎麼做人做事，他在軍隊裡學會如何以身作則來教導別人，於是就發展出一種大家想仿效的人格特質，他嫻熟所有能幫他出人頭地的重要本領——包括這種非言語行為的成功法。因此，我要讓你看看，要如何運用一些最基本但非常重要的非言語行為，表現出最棒的一面。

首先要從你的心態開始著手，你必須有心想要改變別人對你的看法，以及改變你對自己的看法。這份心意非常重要——要改變別人的看法，必須先從改變自己開始。

每次只要我一這麼說，學生們就會反駁：「可是某某人是從車庫起家的呀，現在他成了億萬富翁，卻還總是穿著牛仔褲，根本不必理會別人怎樣看他。」而我是這麼回答他們的：「世界上像那樣的成功例子少之又少，更何況，你我都不是那樣的人。」

懂規則的人最贏

從地下室的工作檯白手起家變成億萬富豪的例子，其實是很罕見的特例，他們能完全不受這世上的規則所拘束。（你能嗎？）其實我在撰寫本章時，蘋果公司（Apple）的創辦人史蒂夫．賈伯斯（Steve Jobs）才宣布他因為罹患重病而必須暫時放下他的職位，蘋果的股東頓時陷入恐慌，因為這世上只有一個賈伯斯，不會再有第二個。至於**我們一般人則不只要遵從社會規範，甚至必須非常嫻熟掌握這些社會規範，才能出人頭地**。

既然是例外就不能以常理判斷，所以我們一般人如果想要在商場上成功，就必須懂得運用非言語行為成功法。不過話說回來，賈伯斯對於非言語行為掌握之精準，恐怕世人無出其右，他的商業簡報總是轟動全球就是實例。不論你從事的是哪一行，都可以把這套方法做不同程度的運用，並使自己的表現不斷更上一層樓。

我常在拉斯維加斯主持研討會，並因此與當地一位泊車員成為好友。這位仁兄一天能賺三到五百美元的小費（約新臺幣一萬五千元），是的，你沒看錯，就是這麼多錢，而且只是幫人泊車喔！某天我忍不住請教他：為什麼能夠比其他泊車員多賺到這麼多？他簡單的指出：

我的鞋子總是乾乾淨淨的，因為泊車員若是把車上的墊子弄髒，客人肯定會不高興。我還會把額頭上的汗水擦乾，這樣才不會滴在客人的車子裡。別的泊車員總是喜歡把襯衫的領口敞開，但我不管天氣多熱，一定會把衣服扣好，因為我相信沒有客人喜歡看到我們的胸毛。當客人把車鑰匙交給我之後，我立刻就把車子開過來，絕不耽誤客人的時間。當我把車子開過來後，會順手用羊毛布把排擋桿和方向盤上的手印給抹乾淨，然後才把車子交給客人。臨走時我還會奉上一句：「祝您行車平安。」

這位泊車員藉由種種貼心的非言語行為，打點好客人最在意的事情，並使自己的工作表現提升到一個更高的層次。請你注意，這其中包含了多少種非言語行為，而這些行為全都在告訴客人：「您在意的事情，我絕不敢怠慢。」很多客人在看到這位泊車員細心的順手抹淨方向盤時，除了手上早就準備好的小費之外，又趕緊從口袋裡多掏出一些錢來。

他只不過比別人多在一些小事上用心，得到的回饋卻多了幾倍。並不是只有企業菁英才需要精通非言語行為溝通術，一般人也同樣需要，就像每個人都應該有良好的行為舉止一樣。

你自己經營事業嗎？你替別人理財嗎？你是銀行從業人員嗎？你是律師嗎？你從事醫療工作嗎？你是保險從業人員嗎？不管你做的是哪一行，就算只是替客人泊車，都可以透過適當的非言語行為提升自己的工作表現，讓你比別人更勝一籌。如果你真有心要改變別人對你的看法，那麼你的非言語行為就會改變，而別人對你的看法也會跟著改變。

「態度」表達了千言萬語

「態度」能幫你贏得勝利、打敗敵人、獲得友誼、完成交易、提升業績，還能讓別人信任你，因此絕不可等閒視之。態度是我們能主動掌控，並善加利用的一樣東西，其實要比取得學位容易許多，但帶給我們的價值卻又高出甚多。態度是一種非言語行為，且可能是其中最奧妙的一種。

以前曾有某電視臺的製作人與我接洽，她表示值此不景氣時期，打算做個節目，教大家如何贏得企業主的青睞且最終被僱用。我的第一個反應是：態度最重要，結果她馬上表示：「我接觸過的每個人都是這麼說的，這是條好線索！兩個擁有相同技能與經驗的人，因為態度的不同而有不同的結果。」

第四章

用「樣子」展現「裡子」

或許有人會質疑：態度有附加價值嗎？它能讓我們獲得獎狀嗎？

如果你曾去過美國佛羅里達州的坦帕市，你會發現這裡看不見任何一座獻給戰爭英雄的銅像或雕塑，這些東西在別的城市可能滿常見的。你只能在坦帕市市中心，東麥狄遜街與富蘭克林街交口的一個角落，找到鑲嵌在人行道上的一塊牌匾，它是獻給瑪麗・哈德菲・瓦特（Mary Hadfield Watt）的。她是誰？她發現了某種重大疾病的治療方法嗎？不是的，她之所以能在身後留下一塊牌匾供世人憑弔，只為一件事情：她的態度。

瑪麗曾在那個地點販賣水果，大家都稱她為水果女郎（Fruit Lady），當她在三十三歲因癌症病逝時，讓所有的街坊、顧客萬般不捨。她的態度、她逗大家開心的本事，是如此的令人難忘，於是大家後來提議並通過立牌匾來紀念她。這是個活生生因態度而獲得獎勵的例子，瑪麗對人和善且總是笑臉迎人，才使得她的名字能永留世間。

沒有人能灌輸你一個很棒的態度，就像沒人能夠逼你發出一個真誠的微笑，你的態度由你自己決定，我只能強調：**如果你想要在人生中獲得成功，就得有良好的態度**。大家肯定都曾遇過悲觀的人或是刻薄的老闆，我們恨不得離這種人越遠越好，這麼做是正確的。良好的態度可以為我們打開很多扇門，還能去除障礙，它比一個聰明的腦袋更有價值，因為它能讓我們做出最佳的表現及培養友誼，還會令別人想要親近及信任我們。

我們要當心的是，人在遭逢重大壓力時，非常容易失去良好的態度，我們必須好好保護它，有時候甚至要花點時間讓它復原。**如果你發現自己的態度不大對、不夠好，不妨找一個適當的角色當作你的典範，並試著模仿那人的作為**。如果某人批評：「這個傢伙的態度真差。」他抱怨的其實不光是那個人說話不得體，還包含那個人說話的方式，乃至於那個人的作為（或不做什麼）。你的非言語行為顯露出什麼樣的態度呢？不管是什麼，**關於態度，你永遠都可以表現得更好**，因此我每天都非常努力希望自己的態度能進步。

請你告訴我，不，應該是請你問問自己——幾十年後你過世了，會有某個城市為你立一座永遠的紀念牌匾嗎？

微笑，展現態度的開始

笑容，不但能幫你移走像山一樣高的障礙，還能幫你贏得情分，但許多人卻吝於做這麼簡單的表情。我想不起來我遇到過幾位航空公司的員工，就是無法擠出笑臉面對客人，不過，我卻記得他們害我和其他乘客的旅行感受有多糟。大家所想像的完美世界，一定是每個人都受到微笑迎接；大家都想要對別人產生影響力，但大家也多半忘了，人從出生到死亡，會被笑容打動和影響多少次。我們人類這種物種會因為笑容而生機盎然，不信你給小嬰兒或生病的老人家一個笑臉，然後看看會產生什麼樣的效果。笑容會釋放讓人感到安心和愉快的腦內啡，任何年紀的人都一樣。

你不妨找一天仔細觀察「笑」這個表情，你將會對這個非言語行為竟然具有如此多不同面貌驚奇不已。當走在街上的陌生人碰巧四目相視時，他們多半會露出一個「公眾式微笑」（public smile）：只有嘴角往兩旁拉開，但嘴巴是閉著的。如果是跟不大熟的人打招呼，我們則會擺出所謂的「禮貌性的微笑」（polite smile）：嘴脣微朝上曲，並露出牙齒。如果是遇到我們景仰、喜歡與愛慕的人，我們會打從心裡發一個「真心的笑」（true smile）：牙齒完全露出來，嘴咧得大大的、兩頰和眼部的肌肉也全都來「助陣」，眼裡充滿跟心裡一樣的表情。在這幾種笑容中間，還有幾種不同層次的笑容，包括：

- 一閃即逝的緊張笑容：「不好意思！借過！」
- 嘴巴一邊高一邊低、充滿歉意的笑容：「要是我沒犯錯就好了。」
- 眉毛上揚、詢問式的笑容：「這主意不錯吧？」
- 露出牙齒、但下巴緊繃的假笑：「我真不敢相信他竟然說這種話！」

當你明白笑容是用來打造合作關係的有力工具時，想必就更能運用自如了。

我建議企業主管，凡是必須跟大眾接觸的員工，都應把「練好微笑」當成錄用他們時所必備的重要才能與條件；若員工不肯練好微笑，該怎麼辦？開除他們！有這麼嚴重嗎？當然有，因為微笑的力量不容小覷：它能使人們的互動充滿人情味，微笑能讓別人對你個人及你們公司留下好印象，而且微笑一點都不費事，硬說做不到根本是藉口推託。

當我首度造訪俄羅斯時，當地的人都說他們好喜歡到麥當勞，因為那兒的員工都會發出真正的笑容（以前的俄國，沒有一家公司會這樣要求），你如果不信，不妨跟任何一位曾經歷過前蘇聯統治的人聊聊，那時候是沒有笑容的。但現在他們會告訴你，**來自西方的商店開張後，他們國家變得多麼不同，因為那些商店裡的店員會「真笑」**。

我想請問，你願意被一位發出真心微笑的店員接待，還是被一位看起來愁眉苦臉的人接待，還是被一個對你視若無睹的人接待？這些西方來的公司，用的是俄國當地人，誰說「真笑」不是謀生求職的必要本領？是不能練出來的？

所以千萬不要低估微笑的力量，這個簡單的動作能夠替一個人、一家公司打開機會，能打開別人的心、開啟人們的想法與善意。

站姿比說話更大聲

你的體態與站姿，在一段距離之外就可以觀察到，會顯示出你這人是溫順的還是威權的、是對抗還是合作、是冷漠還是關心、是疲懶厭煩還是蓄勢待發、是心神不寧還是心滿意足。你的站姿能讓你主導某個情勢或是讓情勢和緩下來，端看你是怎麼站的、你的腳放在什麼位置。它能展現活力、熱切以及能耐，也會洩露出你的漠然、無能或有氣無力。

你多半知道在什麼場合站要有站相，卻在該場合肩膀下垂、一副無精打采的樣子；明明該端正站好的時候，你卻歪歪斜斜，要不就是身體搖來搖去。**這些姿勢或許令你覺得很舒服，但這些動作都無法令人對你產生信賴與信心**，因為它們彷彿是在告訴別人「我不在乎」或「我辦不到」；相反的，如果你能站好、下巴平正、肩膀挺直但不緊繃，全身的重量平均放在兩隻腳上，這樣的姿勢就是在昭告大家：「我很行，很機警、全神貫注，而且可以應付任何狀況。」

如果你的體態與站姿令別人產生負面觀感，這種非言語行為甚至會在你跟對方握手或開口交談之前，就已經損害你的形象了。一般人通常很容易被那些有權有勢或是能力很強的人說服，因為「權勢」與「才幹」是大家都景仰的兩項領導統御能力，而你的體態與站姿最好能讓人留下這種印象。

儘管有些人主張非言語行為不重要，手裡的本事才重要，但你不妨想想自己的經驗，便知絕非如此：當我們走進一家商店或餐廳，看到與我們相約見面的那個人時，即使你在一段距離之外，還是能一眼就察覺出對方是開心期待還是冷淡漠然。

速度顯示態度

你的動作是否迅速、確實及流暢，會大大影響別人對你的看法。就在聖誕節剛過後，我到一家美國知名的體育用品店退貨，我前面已經排了九個人，卻只有一名店員負責退貨服務。這時店經理用擴音器叫一名職員到櫃檯來幫忙，只見那人在眾目睽睽之下，居然一副事不關己的樣子，慢條斯理的（相信你在各種量販店裡頭和政府機關櫃檯一定也見過這種人員）走到結帳櫃檯。看到這麼多顧客等著結帳，他還緩慢的走到工作崗位，一點也沒有不好意思的樣子，真的令所有人傻眼。

排隊等著結帳的每一個人，包括我，臉上的怒氣明顯極了。果然不出所料，這傢伙的工作速度同樣是慢吞吞的，他的動作明確告訴周遭的人，他是怎麼看待我們這些顧客以及他的工作。我要說的是，**上班時我們的動作：除了處理事情的進度快慢和正確性，我們的走路速度和動作快慢，足以洩露出我們對於別人、我們的工作，甚至是對我們自己的想法和感受**。

慢吞吞的動作會造成具體的損失：錯失機會、毀掉行銷計畫、延誤產品上市、帳務出錯、糟糕的服務、貨物延遲送達，以及其他代價昂貴的錯誤。我告訴企業主管，速度對於一個組織是非常重要的，如果公司裡頭有員工老是無法達到標準，我會建議直接開除他。

第四章
用「樣子」展現「裡子」

僱用做事笨手笨腳的員工，對老闆不公平，對其他的員工也是，但最重要的，是對顧客不公平。如果你是老闆，你不需要聘請一個人，讓他在眾目睽睽之下，示範說明你的公司有多慢。如果一個客戶會把壞經驗告訴五個人，那麼這位慢吞吞員工，每天替公司帶來的壞口碑有多少？

速度常與態度有關，差勁的態度要不是帶來極草率的快、就是極離譜的慢，這兩種肯定都會是最糟糕的服務。今天的社會這麼高度競爭，而且一直有為數眾多的待業人口，如果你是主管、老闆，你大可以用同樣（或更低）的薪水僱用到一個態度比較好的人，能夠以應有的水準代表公司面對客人，因為此人把「速度」當作一項有價值的事物。

一個動作，馬上感動人

我們的動作能對他人產生有力的影響，想像你走進一個商務會議，這家公司的老闆立刻向你走來，並握手熱烈歡迎你；但另外一個場景則完全不同，老闆雖然看到你進來，卻只是看了你一眼，就繼續處理手上的事，完全沒有任何歡迎你的舉動，或是隔了一段時間才過來跟你寒暄。對於這兩個截然不同的場景，請問你的感受如何？你的舉動會跟著這個老闆而產生類似他的效應：他看起來如沐春風，你便像他一樣如沐春風，他冷漠倦怠，你就跟著盪到谷底，洽談場面很難熱絡起來。

所以我常指導律師，當陪審團進入法庭時，他們**應該不等旁人提醒便立刻站起身來**。律師起身的動作越快，陪審團對他們的印象就越好，因為陪審團會覺得他們很認真。在法庭上陳述意見時亦是如此。我告訴他們，快速站起身來，並且每次都要鄭重其事的陳述意見，彷彿每一刻都很重要——事實上本來就該這麼做。陪審員和其他人沒有兩樣，討厭別人浪費他們的時間。

不採取行動會打擊士氣。只要想一想我們經常看到新聞報導畫面就知道，每次有某個機構出事的時候，絕大多數都是派出公司發言人出面安撫群眾，好讓高階主管能像個縮頭烏龜似的逃離現場。**不採取行動象徵領導者缺乏統御能力，不敢面對棘手的情境**，當年英國的伊莉莎白女王就因為在黛安娜王妃意外過世時，未出面安撫傷心的民眾，才會遭到各界猛烈的批評。其實女王只要做一個簡單的動作——公開現身——就可解決問題，但她硬是不肯這麼做，才會惹來毫不留情的抨擊。**「無所作為」本身就是一種行動**，這個非言語行為不但會打擊士氣，甚至可能會威脅到王位不保。

領導者在危機出現時，與其躲避，不如坦然面對，反過來順便用這股力量激勵他人，這時，即使是最細微的動作都可能比語言更有力量。我到現在都忘不了，我的長官理查．赫德勇敢面對聖胡安示威群眾，只是一個簡單的動作——一步接著一步的往前走，但每一步都發出巨大的音量。

你也可以運用動作的力量去改變一個會議的情勢。我有個客戶在談判中一度屈居下風，並遭到對方的連番重擊，這時我教他趕緊**站起身來，把牆壁當作靠山**，並以這個姿勢與對手繼續談判。

當他以這種方式拉大與對方的距離後，扭轉了整個局勢。他不但以站姿掌控對方的注意力，而且更有信心的表達了他這一方的意見，這是他在坐著的時候辦不到的一件事。我將會在第七章提供大家一些方法，讓你在特定商務場合中取得優勢。

順了就快，就可信賴

那些總是出其不意做出動作的人，總會令旁人感到不安。有天我看到一群建築工人聚在一起，他們的經理正對著這群工人大聲咆哮怒罵，手臂還做出誇張到幾近歇斯底里的動作，我可以看到那些工人臉上當場流露出嫌惡及不屑的表情，並在此人離開後爭相幹譙這位主管。

過分誇張的手勢與動作讓人無法專心聽你說話，只會令對方更加看不起你而已。曾經擔任反恐特警組指揮官的我可以告訴你，當我們在執行任務時，最不希望那些經常做出誇張、怪異、衝動或隨性動作與手勢的人參與。至於那些即使處於最糟糕的狀況下，依舊能夠保持冷靜而且反應還很快的人，才能贏得大家的尊敬。

就像我們在反恐特警組訓練時所說的：「順了就快。」（smooth is fast.）我們要訓練自己隨時保持平穩的心情，以便我們不論是掏出武器制服歹徒，或面對客戶處理事情，都能在「順了」的狀態下「就快」搞定。

如果員警、醫護人員、空服人員、保全人員、老師或是父母做出失控的非言語行為，我們就不會尊敬他們，大聲咆哮、尖聲驚叫、雙臂亂揮、誇張的手勢，全都在昭告世人：「我失控了！」天底下有誰會願意聽從或信任這樣的人呢？我們尊敬的是那些能夠保持冷靜與控制自己的人。

前紐約市長朱利安尼（Rudolph Giuliani）之所以能夠贏得眾多美國民眾的愛戴，是因為他在九一一恐怖攻擊行動發生後指揮若定、毫不驚慌，並冷靜的處理所有的事情。同樣的，全美航空公司機長薩倫伯格（Sullenberger Ⅲ）在飛機引擎失去動力後，仍臨危不亂把飛機平安降落在哈德遜河上，機上一百五十五人全部生還，這讓他贏得世人的尊敬。

「順了就快」，這就是專業人員應有的表現——以氣定神閒的態度處理實際上非常棘手的事情。

第四章
用「樣子」展現「裡子」

聽聽自己的說話聲

此話乍聽之下似乎很矛盾，但聲音真的也擁有言語之外的力量，否則為什麼新聞主播的聲音聽起來都這麼相似？因為他們都在模仿一種低沉、悅耳動聽的聲音。像我曾有緣數度與名主播湯姆．布羅考（Tom Brokaw）合作，他就擁有那樣迷人的嗓音。但並不是每個人都可以擁有像蜂蜜般讓人著迷的嗓音，像我就沒有，但我會努力嘗試。我知道自己一緊張，聲音就會拉高，所以努力矯正中，因為大多數人都無法忍受又尖又高的聲音，這種音調無法贏得別人的尊敬。

在二〇〇八年的美國總統大選期間，很多媒體都對候選人希拉蕊展開人身攻擊，批評她的聲音「惹人厭」。此事不禁提醒我們，女性雖然在擔任領導者角色的路上邁進了一大步，但未來她們還有很長的一段路要走——至少**在公開發表意見這方面，女性應努力練就中性的嗓音**——如果有人認為妳的聲音令人不愉快，或是嗓音太高亢、有哭腔，或是娃娃音，別人就會因此而批評妳。訓練自己擁有一副中性的嗓音，對於男性也是很有幫助的。

研究顯示，當我們不喜歡某個人的聲音時，往往會不理睬他們或完全忽視他們，一個不討喜的聲音會令別人想要逃離，並留下一個壞印象。**如果你問我，你應該去整型還是美化聲音，我會建議你美化聲音**，因為我曾與許多新聞播報員和知名人士聊過，他們都表示曾經在聲音上下過工夫，並達到運用自如的境界。就連一些女性的員警、軍人或是藥廠的業務代表，也都表示她們在聲音上下過工夫，好讓自己能有更棒的表現。低沉的嗓音比較受歡迎。

以下我列舉了一些方法，教大家如何運用自己的聲音讓別人產生好感。

．很多時候人們是先聽到我們的聲音，然後才看到我們本人，並形成對我們的印象。**如果你的聲音在電話上聽起來就讓人覺得不舒服，對方通常會不大想見到本人。**

．如果你想讓別人一直注意你的談話，千萬不要拉高聲音，反而應降低你的聲音，因為謹慎小心發出的低沉嗓音，能夠令我們說的話聽起來更莊重、更果斷，且強調了重點。

可惜一般人鮮少好好運用這一點，大多數人都以為大聲講話、吼叫或咆哮才有力量，實則不然。我常在超市裡看到父母大聲責罵孩子：「別吵了！」或是飼主怒斥不聽話亂跑的狗兒，然而不管是心不在焉的青少年還是狗兒，都不會因為你提高音量而改變他們的不當行為。我記得有位精神病患者曾告訴我：**「我最喜歡警察對我大吼大叫了。」**「為什麼？」**「因為那表示他們也失控了。」**如果你想要別人專心聽你說話，就降低音量吧。

．練習跟對方**「異口同聲」**，我曾在第一章中談到，利用心理學家羅傑斯提出的「異口同聲」，藉由重述對方所說的話，與別人建立融洽的關係。譬如對方如果說「我家的小

第四章

用「樣子」展現「裡子」

鬼」，你就別說「你的小孩」；如果對方說：「這問題很棘手。」你可別說：「這事情挺難搞的。」你將會對「異口同聲」的強大力量感到驚奇不已，因為它能**令雙方產生「我們是同一國」的心情**。

．**說話時停頓一下或暫時陷入沉默，是很有力量的非言語行為**，因為它們代表有信心與深思熟慮。許多人很害怕在說話時陷入沉默，於是拚命沒話找話，但其實如果你能夠整理好思緒，再從容的說出你的想法，反倒會使你說的話更有分量。

當我們緊張的時候，說話的確能安撫情緒，但在緊張的心情下還一直說話，不免會產生事與願違的不良（或危險）後果，就像幽默作家馬克．吐溫（Mark Twain）曾提醒我們：**「雖然沉默不語可能顯得愚蠢，卻好過因為張嘴說話而落實了別人的看法。」**我們還可以在談判的時候，故意停頓一下不說話，如果對方的非言語技巧不夠老練，就會忍不住趕緊提出一個更好的條件。

．但是說話支支吾吾猶豫不決，跟前面所說的故意停頓是不一樣的。**「嗯」、「啊」之類的口頭禪以及清喉嚨的動作，都代表缺乏信心且在浪費對方時間**，沒有人會欣賞這樣的行為。你不妨回想一下過去卡洛琳．甘迺迪（Caroline Kennedy，已故前美國總統甘迺迪之女）在接受訪問時，因為不斷出現「嗯」、「就像」、「你知道的嘛」之類的廢話，而遭到眾人的嘲笑。

在講話時一定要避免這些無意義的對白，如果有人問你一個無法即時回答的問題，只要回說：「這件事還在處理中。」或表示你會回去找到答案，並盡快回覆對方就好了。絕對不要支吾其詞，或勉強說一堆毫無意義的長篇大論，這兩種表現，都會讓人覺得你在自圓其說或在唬弄他、替你自己強辯硬拗。

口才，先看「樣子」才聽「裡子」

慢著！口才（eloquence）怎麼會是非言語行為呢？你沒有看錯，口才的確是非言語行為，因為口才指的是我們說話的方式。讓歐巴馬當選美國總統的原因之一，就是他有一副好口才。我們之所以會景仰好口才，是因為它能激勵人心士氣，而且能夠安撫我們的情緒。當說話的人表現出**深思熟慮**、**幽默風趣**、**一針見血且口齒清晰的「樣子」時，就會令我們大為折服**，而這些「樣子」全是好口才應具備的要素。好口才受到全世界的推崇，並能引起所有人的迴響。

好口才或許並非你的專長或強項，大多數人都是這樣的，但是口才可以經由專注的訓練而改善。英國前首相邱吉爾（Winston Churchill）就以好口才而聞名，他說出的話也最常被人引用，但他並不是不費工夫就擁有這項了不起的才能。**他的每一篇演講都經過反覆的**

演練，他所說的每一句俏皮話，都是事先精心構思、事前下的所有苦工；等到最後正式上場時，就會令聽眾覺得他真是聰明過人。你也可以做相同的事，因為這跟演員穿著正式戲服彩排是一樣的道理，ＮＧ一百次的動作，才會造就螢幕上的功夫高手。

只有極少數的聰明人能夠出口成章，至於我個人在進行一場全新內容的演講之前，都會事先演練好幾遍，要練習到所有的內容和姿勢都變成本能般熟練才行。你可以私下自行練習，也可以請朋友或家人作陪，並請他們提出真實的指正。你甚至應該錄音，仔細聆聽自己：這麼說話是否忠實呈現出你想要表達的話語，通常我們在稍大的音量下聽完自己的演講後，多半會考慮選用別的字或改變演說時的抑揚頓挫。不過請切記，在彩排與真正演講時都要充滿信心，這會提升你說話的分量，並使你的演講更為流暢動人。

你的習慣就是你的形象

從一個人的習慣可以看出很多事情，而且習慣大多數是非言語行為。你或許未曾這樣想過，**你在公司裡頭所做的每一件事，一定都會有人注意到**。你所有的工作習慣：譬如何時上班、何時吃午餐、會吃多久、何時下班，很快就會變成一件有案可查的事，你的同事、你的主管，都知道。

我曾與某家族企業合作，父親把自己創立的公司交給長子繼續經營，一段時間之後，其他的兄弟陸續進入公司。這時出現了一個問題：最小的弟弟認為他可以為所欲為——遲到早退兼上班打混且不受懲罰。長子告訴我：「我弟弟遲到，會影響大家的士氣，因為公司裡的其他人會說：『為什麼他打混還能跟我們領一樣的薪水？』我很氣當初帶他進公司的時候，沒跟他約法三章：『我雖然是你哥，但我畢竟是公司的老闆，必須好好經營這家公司，這裡並不是玩樂的場所，它是一家公司。』」

其實我們都知道：公司裡頭誰會在上班時偷偷溜出去吸根菸、喝咖啡，或是誰會在上班時，經常在社群平臺上找人聊天打屁，**當你頭一次撞見這些人在摸魚時，他們或許會為了向你示好而故作友善狀。但是過一陣子之後，它會變成一件「同夥」之間不能說的祕密**，所以千萬別成為上班摸魚的人，也別跟那些愛摸魚的人扯上關係，否則**別人會認定你們是一夥的**。在辦公室裡打混摸魚是一種非言語行為，它告訴大家：「我個人的私事要比付薪水給我的公司更重要。」

我發現一件很有趣的事：那些在FBI為政府做事時表現優異的探員，退休後自行創業也十分成功。而那些上班時總是抱怨他們被分派到不討好的工作，或是嫌工作量太重的探員，退休後同樣也成不了事，而且依舊怨東怨西。根深柢固的習慣很難改變，那些當年表現平平的人日後之所以依舊不見起色，就是因為他們從未培養出一套成功的工作倫理。

第四章

用「樣子」展現「裡子」

「領」、「導」的意思是：站在前面

領導統御力跟管理能力是不一樣的，領導者必須承擔風險、身先士卒，面對困境時能處變不驚，並激勵大家勇往直前。你可以**透過非言語行為，讓你所帶領的人覺得你與他們「同在」**。第二次世界大戰期間，當英國人民普遍失去希望時，六十多歲的邱吉爾刻意出現在槍林彈雨之中，他以身作則告訴大家要充滿信心，勇敢面對危險，結果鼓舞了全體民眾；艾森豪將軍擔任歐洲盟軍最高統帥，但各個階級的士兵都能見到他，在傘兵登陸諾曼第之前，他也與他們在一起。

這些領導者都是透過非言語行為，強化他們嘴巴說出來的訊息，現代的人，只要一想到他們，腦中便會浮現出他們當年英勇的身影，並為之深受感動。當我們想到第二次世界大戰期間最令人難忘的非言語行為時，我們會看到什麼呢？是艾森豪將軍向傘兵訓話；是巴頓將軍指揮坦克部隊前進；是麥克阿瑟將軍在海灘上巡視。令世人念念不忘的並不只是他們當年所說的話，還包括他們的英勇作為。

所以說，領導統御指的是在最前面領導大家，這樣別人才能跟隨你——就像當年才 22 歲的亞歷山大大帝，在多數人還少不更事的年紀，就能帶領大軍南征北討，打下大片江山。因為他並非躲在舒適的大後方下令——他的大多數對手都是這樣——而是親自率領部下四處征戰。如果你想成為一位領導者，就不能躲在辦公室裡面，而是要與部屬同在、為部屬打氣。

提升你的情境意識

如果你想要了解禮儀具有多大的力量，就去替某個禮儀很糟的人做事或共事：這些人常打斷別人的談話、不說「請」和「謝謝」、從不說「對不起」、看到別人辛苦提重物也絕不幫忙、不幫人開門或穿上外套、吃東西的時候嘴巴不閉攏、當眾剔牙，還有其他不計其數的粗魯行為。

有人常把講究禮節誤以為是食古不化的老古板、執著於吃牛排該用哪支刀叉之類的餐桌禮節，這種想法可說是大錯特錯。**禮儀的基本要素，其實是一種讓別人感到舒服的藝術，它指的是用心留意發生在周遭的事物**，在FBI，我們把它稱之為情境意識（situational awareness），此外還要考慮到你的行為會對別人造成什麼樣的影響。

在今日這種多元化的社會裡，不論是我們的生活還是工作，都必須與許多來自不同文化的人接觸，用前述的基本觀念來定義禮儀可說是再恰當不過了。這也就難怪「外交禮節」（protocol）這個字會含有希臘文的字根kolla，意思是膠水，因為禮儀就像是讓不同團體結合在一起的膠水。關於禮儀的書很多，探討的多半都是非言語行為，你可以根據上面的定義自行尋找最佳的知識來源，加以研究，我敢保證你一定會學到一些新的東西，我個人即是如此。

第四章

用「樣子」展現「裡子」

交友，幫他還是被他壓榨？

我相信很少人會想到，你經常跟什麼樣的人「混」在一起也是一種非言語行為。根據我從許多主管、人力仲介專家、企業執行長以及人事部門人員得到的看法顯示，別人會以你常來往的朋友，斷定你是什麼樣的人。

我相信天底下應該沒有人一早起床時就說：「我想跟世上最平庸、粗魯、粗心、卑劣、邋遢、微不足道的人一起做事。」每個人應該都想跟成功的人在一起，但有多少人真的與成功人士來往呢？如果你總是與一些差勁的人為伍，別人可是會瞧不起你的。你或許會質疑，這不公平！你說的沒錯，人生的確是不公平的。你跟哪些人在一起廝混，就會被視為那樣的人，不明智的選擇可能會毀了你的大好前程。我這麼說並非強迫你當個勢利眼的「菁英人士」，而是希望你要留意來往朋友的行為（而非他們的職位、稱謂或居所），免得被他們的不良行為牽連。

如果你是公司裡的新進人員，要小心辦公室裡風評很差的同事，也就是那些上班摸魚的人，更要注意誰是那種做事超沒效率的人，這類人你最好避遠點。我曾待過的一些機構，常常可以看到**新進人員很快就被這類害群之馬盯上，接著不知不覺淪為辦公室害蟲的犧牲品。每個組織裡都有一些這樣既懶且慢的小聰明人**，千萬要留意，這種以打混照樣領薪水來跟同事誇示的人，會對你的工作以及別人對你的評價產生負面的影響。**請記住，這世界上可大概可分成兩種人：填滿你杯子的人，以及吸乾它的人。**請留意那些需要你的友誼，但是在一天的工作結束後，卻讓你感覺到精力、想法被搾乾，讓你覺得表現被掠奪的人，他們是可怕的吸血鬼。

我曾在一些不好的地方工作過，讓每天上班都成為一種負擔，因為我身邊有一群人不斷講一些會打擊士氣、耽誤工作進度的**廢話（通常是抱怨）**，老實說我好多年來一直以為我是在幫他們、為他們心理治療。然而你我並非臨床醫師，我們所從事的亦非治療的工作，如果這類人不斷纏住你，他們不只會搾乾你的精力和名譽，還會拉低你在組織裡的地位。我並不是說你不要理這些人，只是提醒你**少與這些人往來**，因為他們會拖累你。

如你所見，很多事情都跟非言語行為——包括我們的心態、態度乃至於聲音——都脫不了關係。只要一想到在公司當中，我們無時無刻不處於他人的檢驗之下，就讓人覺得頭皮發麻，但只要明白一個道理：別人會如何看待及對待我們，完全掌控在我們自己手上，這樣應該就沒什麼好害怕的。

我曾與二十多個國家的上千個組織合作過，我可以舉出數不清的例子，證明我前面所提出的商場成功心法是放諸四海皆準的。如果你知道如何判讀這些非言語行為，不管你走進地球上任何一個辦公室，就能立刻感受到誰是贏家、而誰又是輸家；哪些人表現卓越、而哪些人則表現平庸；哪些人工作認真、哪些人卻愛混水摸魚。而公司裡頭，大家很快也會知道你是個什麼樣的人，因為他們也在根據兩件事對你做出評價：你的專業技能以及你的非言語行為（這部分是更重要的）。如果其他人認為你不是他們能夠信賴及樂於相處的人，再多的專業技能都彌補不了這個缺點。忽視這個道理，你的事業前途就有危險。

你施展成功心法的能力有多強，會決定別人如何評斷及對待你，以及給你多大的獎賞。**如果你只懂得埋頭苦幹，頂多只能成為眾多「能幹」的員工之一，但如果你能夠施展我所介紹的商場成功心法，用非言語行為表現出來，你將會被別人視為卓越的成功人士。**要當哪一種人，決定權永遠掌握在你自己的手中。由於非言語行為包羅萬象，所以下一章我們就要來探討外貌的力量。

第5章

善用這以貌取人的世界

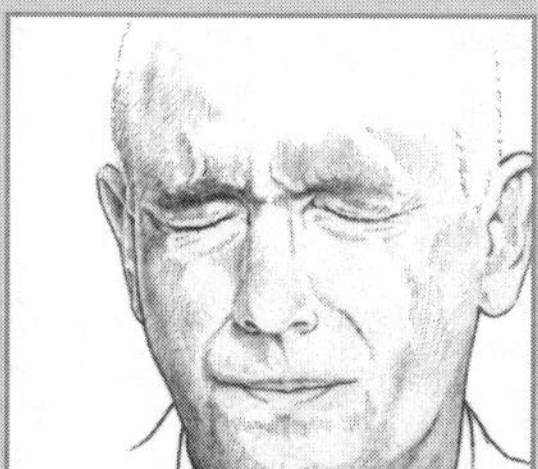

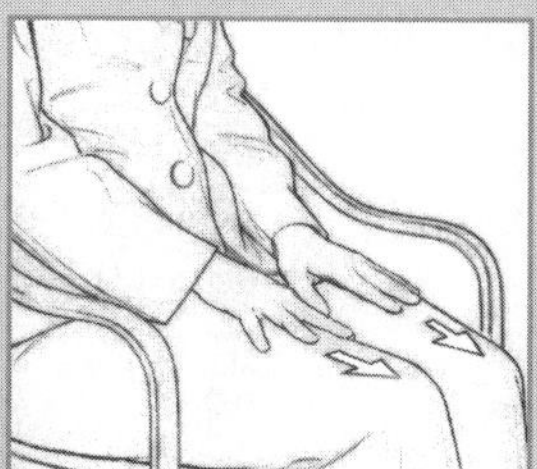

CBS位在紐約市的辦公大樓中，就在保全櫃檯後方一個極不起眼的角落裡，擺放著一架RCA-TK11A型攝影機，當年一共有四臺同型的機器，在美國的民主政治史上扮演過重要的角色。

一九六〇年九月二十六日，有七千萬人收看全美第一次、也是人類有史以來第一次的電視轉播總統大選辯論，主角是當時的美國副總統尼克森（Richard Nixon）與參議員約翰．甘迺迪（John F. Kennedy）。美國民眾能夠「看到」總統候選人的辯論，而不只是「聽」收音機轉播或「閱讀」報紙的新聞報導。

從收音機聆聽這場辯論的人都認為尼克森贏了，但是收看電視轉播的人卻一致評定健康年輕、皮膚晒成小麥色、始終面帶微笑的甘迺迪才是贏家。

那場活動以及負責取景的那四具攝影機改變了世界，選民根據他們所看到的影像，決定了他們想要什麼樣的人當總統，雖然尼克森擁有豐富的治國經驗，但甘迺迪在視覺上，要比尼克森更討選民的歡心。甘迺迪看起來親切和善、一派輕鬆，尼克森卻面帶病容（那天他感冒又拒絕上妝）、坐立不安，而且下巴的鬍渣子讓他看起來顯得很凶。

那場辯論造成的結果證明了一件事：人的外表的確非常重要，並使電視這個視覺產業從此有了塑造人類政治史的重要影響力。

第五章

善用這以貌取人的世界

美貌紅利，加薪一成五

大家都知道，美貌擁有比正常高一些的價格，好看的外表更主宰了媒體與行銷，前述的電視辯論例子更顯示，美貌甚至塑造了全新的政治與權力景觀。但美貌在商場、職場上管用嗎？

如果我請你翻看一份大學畢業紀念冊裡的照片，要你預測五年後哪一位會是薪水最高的人，我猜你可能會說辦不到：因為一個人的未來前途，怎麼能從外貌得知？

不過，有兩位學者卻決定探討一個人的外表相貌究竟有多重要，經濟學家丹尼爾・哈默麥許（Daniel S. Hamermesh）與傑夫・畢德（Jeff E. Biddle）發現，**好看的人通常比較容易找到工作、較常獲得加薪，而且薪水通常要比容貌普通的人多一〇%至一五%**。他們還發現，企業如果僱用俊男美女，獲利也比僱用容貌普通的員工多出一成到一成五。這其實不是什麼新鮮事，即便是《聖經》當中，也充斥著美麗的人被熱烈追求與得到很多好處的故事。

我跟你說這件事，並不是想引起爭議，只是想說明：我們大多數人心裡早就這麼覺得，而研究人員的研究也證實，人類跟其他很多生物一樣，對美貌偏愛有加。不論是擁有最美麗羽毛的孔雀，還是擁有最茂密鬃毛的獅子，或是看起來最雄偉的駿馬，較美的動物自然比較受寵。這也就是為什麼人類會舉辦選美比賽，以及為什麼大多數人必須先經歷以外表為主要條件的求偶過程，然後才決定與某個人結為伴侶。

雖然有些人主張情人眼裡出西施，但研究顯示，人類對美麗的偏好早就設定在基因裡了，所以小嬰兒會長時間盯住一張美麗的臉孔。而且不論是哪一個文化，都會追求與加強美貌（不論是透過化妝、裝飾或整型），並對美給予某種獎賞。

自信的人有美貌紅利

如此說來，難道每個人生下來都必須是俊男美女，否則這輩子註定無法成功嗎？答案可說「是」、也可說「不是」。天生長得美當然是件好事，不過我要跟你說個天大的祕密：每個人都可以讓自己看起來更美，即使沒有國色天香般的容貌，只要留心自己的儀容和舉止，便能看起來更美。

細心打理自己的儀容、養成良好的衛生習慣、借助一些化妝品，以及把頭髮梳理整齊，整個人看起來就會容光煥發。那些把普通人改造成明星臉的電視節目之所以大受歡迎，是因為它證實了外表的確可以改變，從而產生正面的效果：每一集的野豬妹改造成小美女、邋遢男外表變得更好看之後，他們的自我感覺總會立刻變得很好。

第五章

善用這以貌取人的世界

好看的人未必長得很美麗，但多半是比較有自信的人，因而也有較多的朋友、受到比較好的待遇，於是擁有更多的機會。我們不一定要當選美皇后或電影明星，但一定要注意自己的儀容和穿著打扮，以及給人的印象。

雖然外表的很多面向是個人可以選擇的，不過也有一大部分會受到當地文化的影響。譬如我在美西地區工作時，就看到許多人穿著牛仔褲、漿過的白襯衫，配戴具有印地安風味的波羅領帶（bolo tie），戴牛仔帽上班，我覺得這樣的打扮挺時髦的；同樣的，深藍色的西裝配義大利製的絲質領帶，跟華爾街看起來也很搭。我們所處的社會自有一套穿衣打扮的規矩，只要確定自己沒有違反就行了。記住，追求好看的儀容乃是人的天性，也是顯示一個人身心健康、充滿活力且符合社會規範的象徵。

雖然商場上更重視技能之類的其他因素，但不打理外表終究不是明智之舉，如果你擁有良好的態度，而且為人真誠友善，別人可能願意諒解你的不修邊幅，但那也是在「第一印象」不好之後才慢慢改善的。儘管在職場決勝負靠的是專業，別人多多少少還是會從外表判斷你是什麼樣的人。

我們可以用個人魅力、意志力與正面的心態，來克服身材矮小或身體缺陷之類的不利因素，讓對方留下心折的第一印象。身材不高但很有魅力的人，或是體格鍛鍊得很健美的人，例如明星或舞者，通常看起來要比實際高一些。像著名的脫口秀主持人歐普拉．溫芙蕾（Oprah Winfrey），雖然經常因為體重問題而成為眾人討論的話題，不過她的主持風格、個性、言論、使命，以及她付出的努力，卻依舊讓數百萬觀眾公認她很有「魅力」。這就是**所謂的非言語行為之「美」，我們可以把它們運用在想要引起別人注意的地方**——也就是我們的長處與技能。

我曾擔任許多全球性機構的顧問，這些來自世界各地的管理者都告訴我，他們寧願僱用態度良好、工作勤奮的員工，更勝於外貌好看但態度糟糕的部屬，很多主管甚至於刻意避免錄用長太漂亮的人，因為擔心這種亮麗的人「外務」太多。除了某些特定產業之外，雇主或顧客並不會期待你長得美麗，但你的打扮、穿著和舉止都必須合宜，而且做事能幹，這才是重點所在。

我們都欣賞**舉止合宜**的人，而**裝扮合宜**的人令我們感到舒適自在，**做事能幹**更是商場上必須具備的特質，以上這三項特質能彌補你在外貌上的任何缺憾。

所以你應盡量發揮本身的長處，並盡量修補短處，如果你的身材矮小且體重過重，最好穿能夠顯瘦又顯高的衣服；另外，研究顯示，我們認為下巴寬廣或顴骨高聳代表權威和領導力，所以不妨強調這些特徵，而不必刻意用髮型或鬍子來掩飾。如果你有張圓臉，別人會覺得你平易近人和友善，你不妨把頭微偏，進一步強調你的親和力。

第五章
善用這以貌取人的世界

服裝是你最有力的發言人

人們會根據裝扮來評估一個人，雖然他們未必因此就斷定你是什麼樣的人，當然也有些人的確是抱持這種心態。人們會根據他們的觀察，對你的社會地位、經濟水平、教育程度、身家背景、誠實可靠、社交手腕，以及你是新潮派／傳統派做出評斷。

由此看來，**所謂的「形象」主要是非言語的行為**，但形象每天都在跟我們「說話」。

你的服裝會道出你的價值觀與生活狀態：你的服裝會透露出你是否正在追求某人、你的錢是否不大夠用、你是否在乎社會的規範、你是否明白什麼樣的裝扮是會被讚賞的。

我每次到倫敦時，常投宿某家飯店，裡頭的每個工作人員，包括清潔工在內，全都穿著知名品牌亞曼尼的套裝，這家飯店非常自豪的大肆廣告此事。制服通常是用來區分階級的，在這裡卻是要給客人一個印象：在這裡的每個人，都是有形象、有地位的階級，包括所有工作人員在內。而這種優雅品味與自信的訊息，會同時提升每個員工和客人的自信，我必須說，看到這家旅館裡的每個人都穿得這麼得體，實在是賞心悅目，覺得自己好像也變成成功人士了（**編按：作者所指的應該是海德公園附近的大都會飯店**〔the Metropolitan〕）。

現在假設你與一位穿著名牌套裝的女士見面，她是為了你，還是為了她自己而這樣穿呢？她除了會因為穿著得宜而感到非常舒服自在以外，同時也透過那套衣服傳達出一些訊息，她想要散發出的是權威？老練？自信？菁英？財富？實在很難說哪一點特別重要，說不定全部都很重要，但我們要注意的重點在於：她想透過她的服裝表達什麼訊息。全球知名的平價量販店沃爾瑪百貨的執行長山姆．沃爾頓（Sam Walton），以穿著牛仔裝及開二手卡車而聞名，他這樣的裝扮當然是想要傳達特定的訊息。

別只顧自己舒服，別人也得舒服

服裝必須視場合做適當的選擇，我平常的家居服是短褲與涼鞋，因為這麼穿讓我覺得很舒服，但如果我是在談公事，就不能只顧自己舒服，別人看了舒服比較重要，我必須做符合客戶或聽眾期待的裝扮。很多人都知道我會在看過現場觀眾之後，臨時換掉我的襯衫和領帶，以配合當時的氣氛。你是否認為我這麼做有點多此一舉？但我認為這麼做有用，況且又不須費很大的力氣。

你的穿著打扮是一項工具也是廣告，可以讓別人知道「你跟他們是一國的」，你尊重他們的價值觀，你這個人值得信賴。穿著打扮還可以用來吸引別人的注意，這也就是為什麼總統在國會發表國情咨文時，出席的男士多半都會穿著深藍色或灰色的西裝，而人數極少的女士則會穿著紅色的衣服，這樣才能達到「萬綠叢中一點紅」的突出效果。

個人風格要搭配場合

視場合做適當的裝扮，可以顯示你對客戶、同事以及你對專業的尊重，我在FBI服務期間，就曾見過聯邦法院的法官把律師叫過去：「我給你二十分鐘的時間換條領帶，趕緊去吧。」因為這位律師的領帶圖案是個素行不良的卡通人物。向來口齒伶俐的律師因為搞不清楚狀況而當場結結巴巴，法官提醒：「這裡可是聯邦法院，你的穿著應當尊重這個機關，否則就『別想在這裡混了』」。

或許你不必上聯邦法院，但至少會需要面試，或是與重要的客戶見面吧？**如果你的穿著打扮讓人覺得你太休閒隨性，相信我，別人對你的態度也會休閒隨性，也就是不當真。**

我還在FBI任職時，通常都會穿西裝，現在我退休了，便穿得比較休閒，我發現別人對我的態度明顯不同了。像過去我到住家附近的銀行去公證某樣東西，因為我穿著短褲和人字拖，結果銀行職員用滿臉懷疑的表情看著我，我相信如果我穿著西裝，就絕不會發生這樣的事。

而這也正是某些組織嚴格規定員工穿著打扮的原因，像迪士尼世界的成功，有一部分就得歸功於嚴格的服裝規定，迪士尼對於員工身上的每樣東西以及該怎麼穿，都有詳細的規定。而遊客也非常欣賞這樣有型的打扮，他們知道這裡的工作人員不會戴鼻環，也不會有人穿著露出內褲的低腰褲（某些公家機關現在會明文規定，內褲不得露出）。

雖然現今的生活已經日趨休閒隨性，但想很快贏得別人尊敬，穿著得宜還是首選方法。別人會有多尊敬呢？研究告訴我們：如果你穿得很體面，卻不小心掉了錢包，有高達八成三的機率人們會把錢包還給你。但如果你穿得很休閒或很隨便，只有四成八的機率可以拿回錢包。

如果你穿得很體面，人們也比較樂於聽從你的指揮。法官穿著袍子，就是為了讓法庭看起來更顯莊嚴與正式；醫師穿著白袍，也是為了讓病人更「虔敬」的聽從他們的指示與建議。大家都知道制服（警察、消防人員，甚至是管理員）要比便服得到更多的注意，例如陪審員多半認為穿著深藍色西裝（這種裝扮堪稱是專業人士的制服）的男性，會比穿著休閒服的男士更加老實和令人放心，所以穿著打扮真的不容輕忽。

我對於商業人士——尤其是白領階級——的穿著建議是：要入境隨俗，而不要驚世駭俗，仔細觀察高階主管是怎麼穿的，然後跟著他們那樣穿。我曾到加州的國家廣播公司（NBC）拜訪一位朋友，我發現那裡沒有一個人穿西裝，大家都穿短袖的開領棉衫配牛仔褲，結果害得穿西裝的我看起來像個怪叔叔。

第五章
善用這以貌取人的世界

有些行業並不講究穿著打扮，也不需要穿制服，但即使是在這種工作場合裡，如果穿著得體，還是有助於業務拓展。我就很欣賞到我們家噴殺蟲劑的那位先生，他一年會來我家噴藥三次，每次都穿著乾淨整齊的制服；我也很欣賞超市裡那位幫我處理食物的店員，她的手和指甲都很乾淨，而且她會穿上適合處理食物的短袍。

某些行業有特殊的服裝規定（譬如男士必須穿西裝打領帶或穿著制服）：譬如從事醫藥、金融、法律、保險以及其他類似職業的人，隨時都必須穿著其專業服飾。我們把健康、金錢或是生命託付給這些人，希望他們表現出腦袋聰明、技術高超且具有**職業道德的樣子**，而這種專業、有職業道德的特質，**多半是透過非言語行為來傳達給對方，最主要的溝通工具則是「服裝」**。

之前我曾搭機前往紐約，有位服裝儀容不整的乘客非常引人側目，他的西裝皺巴巴的、領帶上有咖啡漬，而且他的鞋子髒得要命。我不禁心想，他今天是要上哪個人的辦公室？**或許有人認為外表並不重要，錯了，它真的很重要**。

對於自己當老闆的小企業主而言，穿著得體格外重要，這樣才能贏得別人的敬重和信任。我有位朋友專門幫企業設計網站內容，他就指出：「我在家工作時都穿牛仔褲和T恤，但是當我必須跟客戶開會時，我一定會穿上我的『見客裝』。我會留意不可以穿得比客戶更炫，但也不能輸他，我們的地位必須是平等的，所以我會盡量穿得跟他們一樣。」

我不打算鉅細靡遺的教你該穿什麼以及不該穿什麼，你必須運用常識自行判斷，因為時尚潮流隨時在變。不過我倒是可以根據我對陪審員的研究，以及其他研究人員的發現，提供你一些建議，我也會告訴你絕對不容許犯下的衣著錯誤。**穿衣服的最重要通則是：整個人看起來很有精神就對了；次重要原則：看看周遭的人是怎麼穿的，並且試著模仿他們的穿著。**我去拜訪準客戶之前，一定會先問明他們公司的服裝規定，你也該這麼做。

週五穿便服不會提高效率

除了極少數的例外，我都建議客戶，別貿然做出員工可以在週五穿著便服上班的規定，而應要求他們在上班時一定要穿著正式的服裝。大家都遵守服儀規定，可以提升員工的專業素質，這不管對內或對外都是很吸引人的。此外，工作並非娛樂，標準一旦放鬆以後，就很難再設定新的界線：休閒褲會變成破牛仔褲；涼鞋變成夾腳拖；而且到時候管理階層試圖挽救服裝儀容的行動會遭到抗議：「上週某某人穿夾腳拖來上班，你也沒說什麼呀！」最好訂一份以白紙黑字寫清楚的服儀規定，並且嚴格執行、絕無例外，**如果你不要求大家遵守好的習慣，就形同放任大家做出壞的行為。**

休閒裝扮會降低一個人的可信度，這是從我的陪審顧問工作中學到這個道理。焦點團

第五章

善用這以貌取人的世界

富蘭克林跟法國人同一國？

歷史告訴我們，模仿與同步性能夠產生改變世界的重大後果。

美國開國元勛富蘭克林曾於 1776 至 1785 年間，擔任美國第一任駐法大使，他肩負著重大的使命，必須說服法國在獨立戰爭期間做美國的盟友。這絕非簡單任務，因為法國並不想與英國交戰，當時英國擁有全世界最強大的海軍，是法國惹不起的。

出身貧寒、17 歲時甚至曾身無分文的富蘭克林，一路辛苦打拚，才擁有事業與名望。富蘭克林不只是一位政治家，還是發明家、出版家、作家與科學家，他發明了富蘭克林壁爐、雙焦距的閱讀眼鏡、避雷針，以及非常好用的導尿管。不過更重要的是，他堪稱是當時眼光最精準的觀察家，他善於觀察非言語行為，還因為這種敏銳觀察力救了美國。

富蘭克林接下任務，他知道自己只有很短的時間來打動法國人（即使是在今天，美國政府想說服法國也絕非易事），讓他們願意在美國最孤立無援的情況下，成為美國的盟友。

很幸運的是，我們現在仍舊保有富蘭克林與同時代的其他人所留下的一些文稿，才能得知當時他所採取的策略。富蘭克林一到法國，立刻學習法國人的禮儀與裝扮，他戴上了假髮、臉上撲粉，並且穿得跟法國人一樣（他身上唯一的美國味是頭上那頂浣熊帽，是為了要引起法國人的好奇而有話題可聊），他甚至訂了最有法國味的馬車載他上街。

富蘭克林的舉動立刻被法國的權貴人士接納，更重要的

（接下頁）

是，被那些能夠在權貴人士身旁耳語、有影響力的女士們所接納。富蘭克林之所以模仿法國社會的行為標準，是因為他明白：要想獲得成功，我們必須模仿對我們最有利的人。

當美國第二位派駐法國的外交官約翰・亞當斯（John Adams）在 1777 年抵達法國時，卻被富蘭克林的行為給嚇到，他以為富蘭克林是「被法國人誘拐了」才跟法國人做一樣的穿著打扮。約翰・亞當斯認為自己是美國人，拒絕入境隨俗，並批評法國人的服裝和言行舉止，他回到美國後更大肆批評富蘭克林。

後來亞當斯再度奉命前往法國談判一項複雜的條約時，法國不認同亞當斯先前的舉止與不願變通，所以拒絕接受他的要求，最後，這項條約還是不得不由深諳微妙社交運作的富蘭克林親自出馬談判。

富蘭克林成功的祕訣在於，他到了法國之後願意入境隨俗，並為雙方建立了能夠進行同理心溝通的管道，這乃是成功的必要條件之一。當年美國之所以能獲得法國的忠實支持，並成功脫離英國而獨立建國，全都得歸功於富蘭克林，以及他對非言語溝通技巧運用自如的高超能力。

第五章
善用這以貌取人的世界

體也證實，證詞是不是有效，跟證人的穿著打扮息息相關。糟糕的穿著會令陪審員分心，以致忽略了重要的訊息，對於穿著打扮得體的人所說的話，陪審員往往會比較信任。

最後一點，休閒裝扮會變成一種放任鬆弛的態度，我們人類的行為會順應環境而改變，當正經上班與休閒玩樂的場景混在一起時，人的行為會跟著混淆。**當企業開始放寬穿著的標準時，員工的工作習慣以及彼此間的談話方式，也會跟著放鬆**。這種鬆弛的情況不但會使外人看輕組織，也會對組織內認真工作的員工造成傷害。馬克・吐溫說：「穿啥你就變成啥，啥都不穿的，你就啥都不是。」（Clothes make the man. Naked people have little or no influence on society.）是非常有道理的，**人們會根據一個人的穿著打扮，來判斷他有什麼影響力，穿著打扮太隨便的人，不會被認為是個言談有分量的人**。

我在當警員時，對於穿著打扮的力量有過第一手的經驗，我到現在都還清楚記得，我剛穿上警察制服那頭幾週時的情景：戴上警徽、帽子之後，整個人看起來就會顯現出剛正不阿、精神飽滿的樣子。我在快出門前還會再照一次鏡子，鏡中出現的是一個跟平時完全不一樣的我。我扮演的是正義的警察角色，我絕對不可以辜負它。

這也就是為什麼出席畢業典禮、婚禮、軍事儀式、團隊運動，都必須穿上相關的服裝，或是在劇場表演時，必須穿上戲服：因為**我們的穿著打扮會塑造我們的行為，讓我們的身心為該做的事做好準備**。在職場中，你必須打扮成為了事業而出征的企業戰士，那就是你該扮演的角色。

如果你想要測試這件事是不是真的，不妨觀察人們為了參加婚禮、上教堂，或某個特殊場合所做的裝扮，然後注意他們的行為有了什麼樣的改變。他們的舉止不像平日那麼大剌剌的、會比較斯文，也會更注意到別人與自己，沒錯，服裝的確會改變我們。

研究人員也證實，服裝會影響別人對我們的看法以及我們的行為。穿著制服的孩童，其行為舉止和學業成績，通常要比那些隨自己高興、想穿什麼就穿什麼的孩子來得更好些（這也是校服講究的私立學校辦學成功的因素之一）；穿著黑色服裝的運動員，要比穿著其他顏色服裝的運動員的犯規次數多些，且攻擊的火力也更加猛烈。

你正派嗎？陪審團觀點

法庭是一個非勝即敗的地方，在美國，一個人的生或死，是由十二個來自各行各業的人組成的陪審團做出決定。由於陪審員的決定如此重要，所以很多人對陪審員做了仔細的研究，以了解哪些事可以影響他們。若說到外表這件事，陪審員也能夠教我們很多。

陪審員對於人們的外表，有著非常特定的偏好與見解，我花了很多年的時間，研究陪審員對律師、證人與被告的衣著和舉止會有什麼樣的反應。如果你以為有些小細節能夠逃

第五章

善用這以貌取人的世界

改變穿著，竟然就改變想法

我們曾在FBI重複做過一項實驗：穿著會影響我們的行為。我們指派兩組探員處理相同的場景：一名男子挾持一名女性人質，這個男子有一支電話可以使用，他們所在的位置很不容易接近，然後我們要求各組探員想辦法救出人質。

其中一組探員穿著西裝，另外一組探員則穿著在反恐特警組受訓時的工作褲與短袖 polo 衫，不過未配戴武器。兩組人員都不清楚還有另外一組人員也在進行實驗，也不知道兩組人員都處理相同的問題。

在沒有任何提示的情況下，他們究竟會怎麼做呢？穿西裝的那一組人中有人提議：「這樣好了，我們先設定一個指揮所，並開始跟對方談判，透過視訊或電話說服他投降。」接著他們便開始著手擬訂逐步推進的計畫，希望能透過談判讓人質被釋放。

至於穿著特警組訓練服的這組人，則採取完全不同的做法：「必須救出這名女性人質！我們將展開迅雷不及掩耳的攻堅行動：先把前門撞開，並把閃光彈扔到地板上、引起對方的注意；接著由六人攻堅小組從窗戶火速進入，讓嫌犯繳械，並且救出人質。」

我們對於這兩組人員採用截然不同的救人方法，感到非常詫異，但這兩組人員唯一的差別究竟在哪裡？不過是服裝不同罷了！只因為穿著不同的服裝，他們就產生了截然不同的心態，顯見服裝設定了他們的態度、節奏與調性。

輕鬆時刻，不能變成慣例

當企業開始允許員工在週五穿著便服上班時，某些企業表示他們員工的生產力提升了，大家便歸功於這是穿便服的關係。但經過一段時間後，生產力卻又下降了，這是怎麼一回事？

經過專家的仔細研究，終於提出了一個相當清楚的解釋，根據所謂的霍桑效應（Hawthorne effect），當研究人員把某間工廠的燈光調亮後，生產力便提高了；但是經過數週之後，生產力卻又降回原先的水準。於是研究人員把亮度調到比以前更暗，你猜怎麼著？生產力又上升了！接著歷史又重演，不久後生產力又回復到先前的水準。

研究人員於是提出結論，員工的生產力是因為刺激物的改變而飆高，一旦人們習慣了改變（畢竟適應環境乃是人類的特性），新鮮感消退了之後，因為改變而產生的行為便也跟著消失了。

這些發現解釋了為什麼靜修或偶爾舉辦的休閒活動，能夠提振士氣與生產力，但企業應把這些活動當成給員工的非常態獎勵而非慣例，而且這些活動最好選在一個適合休閒穿著與輕鬆行為的地方舉行，而不應該把週五的辦公室當作是準備休閒之處。

過陪審員的注意，請最好三思。

在前美式足球明星辛普森（O. J. Simpson）被控謀殺前妻及友人的案子裡，負責該案的檢察官瑪莎・克拉克（Marcia Clark）的穿著打扮，竟喧賓奪主成了本案最受關注的焦點，舉凡她的髮型、衣著以及鞋子，都成了全國的頭條新聞以及陪審員聊天的話題，而原本陪審員不應該在訴訟終結之前討論案情。瑪莎・克拉克的穿著跟審判有什麼關聯？完全無關，但大眾、陪審員與非陪審員卻一致對這些無聊八卦議論紛紛！這個故事告訴我們：**衣著裝扮千萬不要心存僥倖碰運氣，因為別人會一直記住你的樣子。**

而以下是我跟律師、企業家以及人力資源部門人員共事之後，所學到的穿著法則重要事項。

男士商務穿著的要與不要

- **整齊與清潔**是重點中的重點。
- 大多數人無法分辨一套一千五百美元與一套兩百美元的西裝有何差異，尤其花點錢請人幫你修改得更合身之後，就更看不出來了。
- 西裝袖子不要過長（否則看起來會像第一天上學的孩童）。

．衣服應合身舒適。
．**不要穿棕色（咖啡色）的西裝**，它在各項研究調查中的評分都很糟。
．**不要穿短袖襯衫**，除非是適合穿休閒服的場合。
．如果某款領帶的花樣會引來蜜蜂（**太花了**），千萬別買。
．你的領帶應替你的穿著產生畫龍點睛的效果，而非喧賓奪主變成視覺的焦點。
．穿著吊帶褲時，就別再繫皮帶。
．襪子應當搭配鞋子，而且**千萬別穿白襪子**。
．鞋子跟其他地方一樣也須保持乾淨，但很多男士都會忽略這個重要的細節，因而破壞了他們在其他地方所花的時間和金錢。
．**襯衫口袋不是筆筒，請保持淨空**。
．襯衫釦子、皮帶扣與褲襠車縫線應成一直線。
．大多數企業家都會選擇戴傳統款式的薄手錶。
．不確定場合時，可穿著深藍色的雙釦西裝，搭配白襯衫與一條傳統的斜紋領帶，以及黑皮鞋。

第五章
善用這以貌取人的世界

女性商務穿著的該與不該

- **肉露得越少越好**，專業人士不論男女都不喜歡暴露的衣著。
- 留意時尚打扮是好事，但別被潮流牽著鼻子走，有些流行衣著並不適合妳。
- 穿著質料好的衣服，但不一定要花大錢。
- 良好的服裝儀容和行為舉止勝過花大錢治裝。
- 你的穿著打扮要能**反映你們公司的企業文化**。
- 除非你是在夏威夷或洛杉磯，否則就**別穿露出趾頭的鞋子**。
- 別戴太多件珠寶。
- 別穿太多耳洞，否則看起來活像是掛窗簾的吊桿。
- 跑步鞋和夾腳拖只適合在休閒時穿，不宜上班時穿。
- **別露出肚臍**。
- 衣服應整齊乾淨，不可破破爛爛。

雖然什麼才是可以接受的外表，會隨著文化不同而有所差異，但專業形象還是有其一般標準且不容違反。若你違反了，就別怪別人做出負面的反應。我有位朋友曾擔任行銷部

高領對上開襟，誰比較誠實？

不知你是否注意到，政治人物多半喜歡穿只有兩顆釦子的西裝，而非三釦的。理由非常簡單：因為它的前襟開領較低，所以前胸部位露得比較多，而前胸部位露得比較多時，別人會認為我們是比較誠實的。

你可以比對那些「拒絕袒裎相見」的歷史人物：毛澤東、卡斯楚、史達林；再看看電影裡的壞蛋，例如早期的 007 電影中的諾博士（Dr. No），這些人都躲在密不透風的高領衣服後頭。

根據我個人以及其他人所做的法庭研究顯示：陪審員偏愛穿著雙釦西裝的律師，因為：「他們看起來比較誠實。」企業家及政治人物僱用的服裝顧問也持相同的看法，所以我們才會看到政治人物較常穿著雙釦西裝，當他們與群眾互動時，甚至還會脫下西裝外套以示坦率。

門的總監，他的看法極具參考價值：「你應隨時穿著你想要從事的工作的服裝。」

請參考電視主播

以下是一些關於配戴珠寶首飾的重要原則：不論數量或款式都不宜過多，為什麼？因為這樣會讓別人感覺眼花撩亂，你要的應該是別人注意你的專業技能和智慧，配戴過多的珠寶首飾等於是在向世人宣告：「我需要別人注意我的外表。」然而在商場上，別人注意的應是你的能力。

第五章
善用這以貌取人的世界

已經擔任、或想要當上高階主管的女性，手上最好「只」戴一只戒指，現在常看到婦女戴好多枚戒指，一位擔任顧問的朋友曾告訴我，戴那麼多枚戒指看起來實在很不像「白領」階級。從事法律、醫藥或金融這些需要高度信任的行業尤其不宜。

對於哪些配戴方式能夠被接受，會因文化或甚至地域而有所不同。比方說巴西的婦女偏好配戴誇張的大耳環，加州婦女所戴的耳環跟佛蒙特州的婦女所戴的也不一樣。所以你務必考慮到文化與所處環境的因素，並觀察其他人是怎麼做的，如果你不確定怎麼做才適當，寧可謹慎一些。

潛水錶並不適合戴著上班，還是改戴一只好的腕錶較好，至於要多好呢？只要是腕錶就行了，越薄越好，總之，**不要是那種看起來能夠幫你登陸月球，或是執行霹靂小組任務那種又大又厚的手錶**。手錶是用來彰顯你的品味，而非你的愛好，譬如前面提到的潛水錶。一只手錶可以透露出配戴者的很多事情，算是一個不昂貴的優雅象徵。

我常建議大學生**拿新聞主播當參考**：她們配戴珠寶首飾只為了產生畫龍點睛的效果。

鞋子常常是罩門

以前我在街上看到一位婦女迎面走來：她的髮型、衣服、手錶、配件以及化妝全都恰到好處，但是腳上的高跟鞋卻被扣了分，因為鞋跟上的皮已經裂開，並且向上翻捲。為什麼她花了這麼多的時間打理全身，卻讓這麼小的一個細節毀了全部的工夫？很多男士也是這樣，**穿著磨損或破掉的鞋子，讓他們花時間打理其他部分儀容的工夫毀於一旦**。

- 鞋子應擦拭整潔並保持良好的狀況，髒亂的鞋子像是在昭告世人：「我是個沒教養的人。」
- 別穿露趾或是露出整個腳背的鞋，研究明確指出：露趾鞋、涼鞋、無帶的便鞋以及夾腳拖，既不吸引人也不專業，如果你是律師、高階主管或是醫療專業人員，尤其要注意這一點。
- 鞋跟的高度不宜過高，適中為宜，畢竟辦公室並非夜總會。

把刺青藏好

雖然大家可能對刺青已經司空見慣，但是**在商業世界裡刺青絕對不行**，如果你身上有刺青，請把它們藏好。人們常把刺青跟醉酒鬧事、年少輕狂、血氣方剛、街頭混混以及吸毒嗑藥等負面行為聯想在一起。很顯然的，前述這些形象跟乾淨、健康或值得信賴是扯不

第五章
善用這以貌取人的世界

上邊的，毫不在意的露出刺青，是很難在餐飲、醫療以及金融等行業找到工作。

之前加州某地區的消防隊下令全體隊員不可露出身上的刺青，我一點也不意外。遺憾的是，監獄裡的囚犯竟流行在臉上刺青（例如MS13幫派成員），此舉將令他們成為被社會所不容的人，也大大限制了他們將來就業的機會，恐怕只能擔任幕後或從事後場的工作，幾乎不可能成為白領。一些涉世未深的十幾歲少女也刺上這些可怕的刺青，這將嚴重影響到她們未來的就業機會，幸好目前有許多組織協助青少年去除刺青，尤其是跟幫派有關的，希望能增加他們找到工作的機會。

許多組織裡都有個不成文的規定：如果某人有刺青，根本不必浪費時間面試。雖然我們的文化已經日益習慣刺青，但目前大家普遍仍對刺青抱持負面的看法，務必注意。

許多學生常告訴我許多名流都有刺青，而且還大方的秀出來給別人看，我的答覆是：「你又不是名人。」我們對於名人、運動員、搖滾明星以及其他從事表演工作的人，會給予一些特權，對於他們力求表現自我的行為見怪不怪，因為他們從事的本來就是需要觀眾注意的行業。但即使是名流，他們在出席重要場合或表演時，也會把身上的刺青蓋住，因為他們明白：扮什麼角色就要像那個樣，你我同樣也有角色要扮演，而且也應該演好它：這個角色就叫做上班族。

可以當眾與不可當眾整理的……

不管是動物還是人類，**疏於打扮乃是生理或心理健康可能出狀況的一個警訊**，不修邊幅的外表顯示心中正為某些事情苦惱不已。所以我們常把乾淨整潔與健康活力聯想在一起，而且很想跟那些我們認為活力充沛的人在一起。以下是根據社會規範以及人類根深柢固的偏好，所形成的一些裝扮原則。

・頭髮應保持整齊，要有型，但不可喧賓奪主，不要讓人看不到你的表情。

・我們之前曾說過，人類天生注重手部的動作，因為雙手擁有很強的求生力量，因此你的雙手一定會被別人注意。女性的指甲宜長短適中，男士的指甲則要修剪整齊保持乾淨，並且不可有咬痕，因為咬指甲被視為缺乏安全感。留得很長的指甲會讓人感覺噁心，**如果你想被僱用或是被人重視，就趕緊剪掉長指甲**。

・化妝是要替你的外表加分，而**不是要讓化妝本身成為眾人注目的焦點**。你希望人們把焦點放在你的表現，而非你的睫毛膏或唇膏，如果你不懂得如何利用化妝替自己的外表加分，不妨花點錢上課，讓彩妝師教教你。

・**不要噴香水，大多數人並不欣賞香味**。

第五章
善用這以貌取人的世界

・**適當的公開整理儀容，像是拍拍西裝外套、調整一下領帶或衣領，可以讓人留下好印象**，它顯示我們在意別人看到我們的樣子。不過某些整理儀容的行為如梳頭髮、修剪指甲，就不適合在公共場合進行，否則會顯得此人缺乏教養，我曾親眼目睹一名律師在法庭內用迴紋針掏耳朵，完全無視於此舉可能令法庭內的其他人產生不好的觀感。

最後，我還要再叮嚀你幾個傳統的重要細節：

別讓配件與裝備害了你

・如果你還在就學讀書或是要去爬山，**揹後背包**無妨，但是**在談生意的場合上則絕對不宜**。

・女性：**千萬不要在皮包裡翻找原子筆**、筆記本、行事曆或其他原本應當早就準備好的東西，這會讓妳在別人心目中精明幹練的形象大打折扣。

・男性：現在可不是二十一世紀的蠻荒西部，**別把所有的電子用品全繫在腰帶上**，你的權威感應該透過你的儀表傳達出來，而非你擁有多少高科技電子產品。

・戴手錶：那代表你重視時間，而時間是商場上非常重要的商品。

讀心之前，先讀自己

你現在想必已經知道別人、人事部門主管、上司、執行長對於外表所重視與判斷的重點在哪兒了，請你先問自己以下這些問題：

- 別人是怎麼看我的？
- 我是怎麼看自己的？
- 對同事與客戶來說，我吸引人嗎（並非指漂亮或英俊）？
- **除了這家公司，我在其他公司能找到好工作嗎？**
- 我能讓別人留下好的印象嗎？
- 我有令人反感的地方嗎？
- 如果我改頭換面會比較好嗎？

我希望你能夠誠實作答，如果你對於自己的評價並不確定，不妨找一位信賴的朋友，就你的外貌與儀表提供直言無隱的意見。有時候我們的確需要一位諍友告訴我們：要站直、鞋子要擦乾淨，以及該減輕一些體重的建議。

第五章

善用這以貌取人的世界

別人提出的意見有時會很有激勵作用，讓我們明白自己為什麼沒能升官或沒被僱用，沒有人會老實告訴我們是被服裝搞砸的，或是「啤酒肚」令我們看起來很邋遢。如果你覺得別人不尊重你，或是你一直無法升官升職，你應趕緊振作，讓自己有所改變。

有時候只要在姿勢與體態上做一些簡單的修正，就能產生令人刮目相看的改善。譬如很多青年男女在接受過軍事訓練後再回到校園時，我們往往可以從他們身上，看到兩項非常重大的改變，那就是他們的姿勢與動作變得不一樣了。這就是我們在上一章討論過的東西，他們的父母和朋友會立刻感受到這些人煥然一新，他們雖然還是同一個人，但是充滿自信的動作改變了那些認識他們一輩子的人的看法，並不只是因為他們身上穿著制服，而是因為他們身上多添了一份成熟與穩重。

至於你和我，只須開始問自己：「我的某些作為或是穿著打扮的方式，是否對我的事業或其他方面造成阻礙？」

你在第一章已學習到，我們會在與別人見面後的短短幾秒鐘就對對方做出評斷，也就是形成所謂的「瞬間判斷」。**有些印象甚至是在四分之一秒的瞬間就形成，但之後卻要很長一段時間，才能改變這些初步印象。一些見過世面的人懂得利用日常經驗，來對某人「測試」這些第一印象**，譬如某個原本被認為「很不錯」的人，後來被「實驗證實」是個混球時，我們就會調整我們的印象，這可以防止我們淪為被陌生人或甚至家人傷害的被害者。不過一般而言，瞬間形成的第一印象會一直跟著我們好長一段時間，而且有些人一旦對別人產生了既定的第一印象，就永遠也不會改變。

雖然「瞬間判斷」的形成極其快速，它卻會持續很長一段時間，不易改變；不過，你還是有辦法影響別人對你的第一印象，而且也應該盡一切努力，改善這第一印象之後的印象。儘管別人應依照你的專業能力給你正確的評價，而不應計較你無意間惹惱他們的行為，但你不該隨隨便便就給別人這種誤解你的機會；另一方面，你也可以透過行為與穿著打扮，讓他人給你正確的評價。

第6章

經營，不外乎讓人「有感覺」

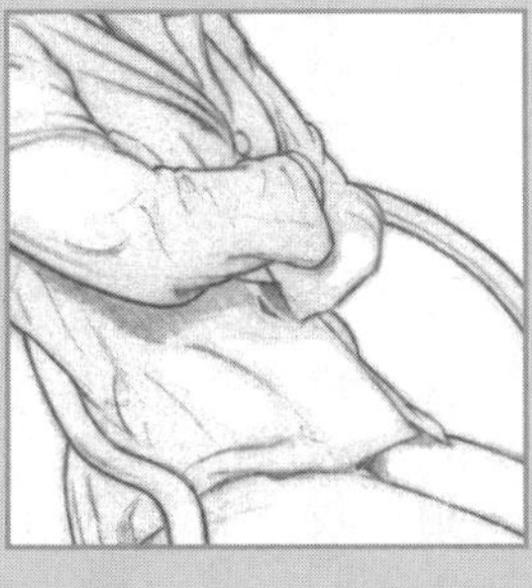
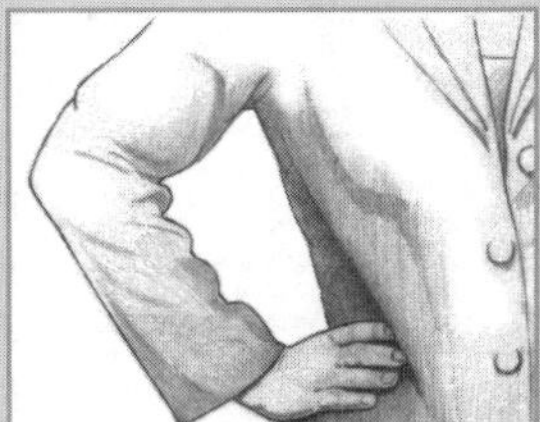
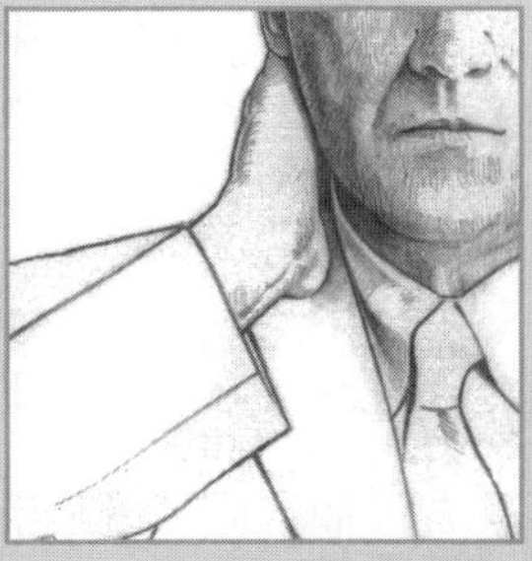

經過三個小時的飛行後，我等了三十分鐘才拿到行李，又花了二十分鐘在租車櫃檯辦好租車手續，經過一個半小時的車程，終於抵達維吉尼亞州的寬堤科（Quantico，FBI總部所在），我簡直要累斃了。我前面是一長排等著辦理住房手續的旅客，我猜我們看起來肯定很像一群殭屍，唯一還有力氣能動的，是我們因為無法置信而無奈搖著的頭。這家汽車旅館的櫃檯只有一個人在值班，他不停的接電話，一通又一通：「好的，我幫你轉接……我會過去查看……。」然後趁著接電話的空檔，幫排隊等候的客戶辦理住房手續，雖然我們試著體諒他只有一個人在櫃檯負責所有的工作，但他真的只顧著接電話，卻忽略了排隊等候的我們。

最後終於輪到我站在櫃檯前，他卻又接起另外一通電話，我等了幾秒鐘，抓準他快要結束那通電話的時機，立刻用手機撥了通電話給他。

「別掛斷，」我對著手機說，他以錯愕的眼神看著我，而我則擺出最酷的克林伊斯威特式眼神回應他的目光：「你現在得服務我，如果必要的話，我們就用電話辦理住房手續好了。」

那個員工愣了好一會兒，語無倫次的回答手機裡的那個聲音，那聲音跟站在他眼前的這個顧客一模一樣，你幾乎可以從他的口氣中聽出他不知道該聽哪一個聲音，幸好他最後終於搞清楚是怎麼一回事了。拜手機快速撥號鍵之賜，以及我再也不想默默忍受對方糟糕服務的反擊行動，我跟其他旅客終於能夠早點上床。

你是否也曾遇過這樣不合理的待遇？請問，是從什麼時候開始，服務人員可以理所當然的忽視眼前那些耐心排隊的客人，卻只忙著服務那些打電話插隊的後到者？那種有送外賣的飲食店，最常做這種事讓現場客人生氣。

良好的訓練與足夠的人手就可以避免上述的狀況，但生意好的商家多半會人手不足。企業應教導負責櫃檯工作的人，尖峰時刻要先服務站在櫃檯前的客人，雖然我們大腦的反射動作是要先應付一直在響的電話，但先服務站在櫃檯前的客人才是正確的待客之道。遺憾的是，服務業的員工大都未曾受過適當的訓練。請問誰真的在付錢？是我們這些出外旅行的客人，不是那些打電話來詢問房價和空房的人，企業卻無所謂的怠慢正在現場消費的我們。

鬆懈一秒鐘，代價就慘痛

為什麼我們要去住旅館？是期待他們會提供一個像家一樣、能夠休息及放鬆的地方，我們希望自己最基本的生物需求能獲得滿足。所以，旅館、餐廳從客人一進門以後，就要以客人的舒適為第一優先。留心別人的需求只需要花上一點點的工夫，得到的回報卻十分可觀。

哪些事情能夠讓顧客感到舒適呢？安排另外一名員工專門負責接聽電話，當然是最理想的，但即使無法做到那樣，只要經過適當的訓練，光靠一名員工，還是能夠讓顧客感到舒適，基本的原則是：「先服務站在你面前的顧客。」有些優質旅館會提供貼心的服務，例如開闢快速辦理入住手續的專用櫃檯，以及免費供應點心和飲料，給正在辦理住房手續的旅客。我知道有一家連鎖旅館就這麼做，許多人都因為喜歡那超香的餅乾而跟我推薦這家旅館。提供食物不過是舉手之勞，卻能帶來可觀的回報。

我們常在很短的時間內就對別人做出「瞬間判斷」，同樣也會對企業和機構的形象做「瞬間判斷」。而且**在與企業互動時，從第一次見面剛開始的那幾秒起，一直到之後的每一次接觸，我們無時無刻不在評斷自己是否感到舒適**，這也就是為什麼企業必須妥善管理自己在大眾心中的印象。

時至今日，企業未能妥善處理顧客滿意度的後果，要比從前嚴重千萬倍，這是因為網路的口耳相傳力量十分龐大。

比方像天天在網路上發表文章的部落客，他們擁有傷害或拉抬企業聲譽的驚人力量。部落客評分的對象五花八門，從大學教授、醫生、水管工、油漆工與電工，到餐廳、旅館、養老院……這年頭，**天底下沒有一個行業能夠逃過公眾的檢驗**。

第六章

經營，不外乎讓人「有感覺」

對企業而言，糟糕的是你我無從得知部落客檢驗的目光焦點是什麼，我曾讀過一篇討論航空業的部落格文章，雖然當中有不少人在批評航空公司搞丟行李的事情，不過更多人發言與回應的內容卻是：「為什麼空姐再也不對客人笑了？」

我認為，航空公司實在不應錯過這大好機會，因為這是件很簡單就能改善的事，只要召集員工並宣布：「客人都在抱怨我們擺臭臉，我們必須改善，如果妳不想笑，就另請高就。」其實每一種工作都一樣，擺臭臉的最大受害者不是客人、同事，而是自己，因為他在孤立自己。我們要的不過就是個微笑，如此而已！

單單只是一個微笑，就能夠改變企業給人的印象。

舒服也有紅利

「競爭優勢」，這個名詞是商業刊物中的熱門話題，但我個人認為這個名詞包含的範圍不夠周全，我想介紹一種能讓企業從優良達到卓越境界的有用武器，我把它稱之為「舒服紅利」（comfort dividend）。如果你的服務或產品能夠讓你的客戶、病人、顧客、遊客或來賓感到舒服，那麼除了營收之外，它還能衍生出更多的好處。

「舒服」是一種非常能夠吸引人的感受，就像我們總是會坐在自己最喜歡的那張椅子上。我們會偏好燈光與座椅都讓人感覺舒服的餐廳，我們會信賴那些讓我們對未來感到安心的保險專員，我們會把錢交給某個理財專員替我們投資，除了因為她所屬公司聲譽卓著之外，更重要的是因為我們與她相處時覺得舒服。就醫也一樣，我們會一直找同一位牙醫或醫生看診，除了因為他們的技術優良，同時也因為他們的診療行為，讓我們覺得安心和舒服。舒服也是我們一直到同一家小餐館用餐，或是跟同一群朋友廝混的理由。

讓人感覺舒服的企業，會吸引我們成為它的忠實顧客，還會願意免費替它宣傳。我有位朋友是開業醫生，他的業務在很短的期間內蓬勃發展，卻完全沒有花錢打廣告，他靠的是病人的口耳相傳，這份價值豐厚的「紅利」，是透過他的技術與個性讓病人覺得舒服而獲得的。

不花本錢也能賺舒服紅利

多年前我與一位朋友在他的辦公室裡閒談時，忽然聊起了如何讓客戶「覺得舒服」的話題。

朋友曾管理一檔基金，正打算召募更多的新投資人，他是個做事非常積極進取的人，所以沒有什麼需要改進的地方，我只問他：「你打算投入多少錢來吸引新投資人？」他的

第六章

經營，不外乎讓人「有感覺」

回答讓我嚇了一大跳：「恐怕得打幾百萬廣告吧。」我告訴他：「其實你只要花個幾萬塊，並且做些改變，就能夠吸引幾百萬資金來買你管理的基金。」

我建議他改變一下辦公室裡的家具配置，添購一張坐起來很舒服的長沙發、幾把椅子以及一張咖啡桌就夠了。當時他坐在辦公桌後面，而我則坐在他對面的一張椅子上，兩人隔著大辦公桌講話。

他問：「就這些嗎？」

我說：「嗯，這樣就行了。」

接下來的一年我的行程排得很滿，沒和那位朋友再見面。有一天突然接到他的電話，邀我到他的新辦公室，見見他的新員工。

這個新的辦公室看起來是個會讓人很想待在裡頭的地方，我的朋友完全依照我的建議改變了辦公室裡的陳設，還多買了一個小冰箱，裡頭放了一些瓶裝水和飲料，當他請我進入辦公室時，我很自然的選擇那張長沙發坐了下來。

接著他開始告訴我這段期間的狀況：只不過是簡單添購了這張長沙發和幾張椅子，想不到就讓他與客戶的面談時間大大增加。從買了沙發之後，他新募集到好幾百萬美元的投資基金，他直說我建議的座位安排還真管用。其實當初我建議他做這些小小的改變時，他還半信半疑，不過現在他已經徹底心服口服了。

生活當中，我們之所以選擇了某些東西，是因為這東西讓我們覺得自己比以往好。這家企業只不過是讓客戶可以自行選擇要坐在哪兒，或是自己開冰箱拿想喝的飲料，就能讓他們覺得自己身分特殊。這些小小的貼心舉動可以令顧客覺得受到重視和禮遇，所以會想要再度造訪。

如果車子是你的「辦公室」，是你上班的工具或地方，你只要花點錢將它稍做整理，就能讓車子的內外觀看起來更乾淨，因此顯得更專業，這不但能讓客戶感到更舒服，也會增加對你的信賴。

在別人心裡，你們公司是……

我在上一章中，請你自行評斷別人是如何看待你的，現在則請你看看你們公司有多少「舒服紅利」——來替它的第一印象打個分數吧！

評分標準

請你從一名準客戶的角度來評斷你所服務的公司，替下列每項任務的表現打個分數，你會得到意想不到的經驗。

第六章
經營，不外乎讓人「有感覺」

1. 打電話給你們公司的總機

- 要過多久才會有人接電話？
- 總機說了什麼樣的問候語？
- 總機的口氣聽起來如何？
- 你的來電多久之後被轉接？
- 你在電話上等候了多久？每次都要等嗎？
- 如果你要求對方提供一些資訊，能否立刻取得？
- 你提出的問題是否得到滿意的解答？
- 你的詢問是否很有效率的被處理？
- 你覺得自己是否得到尊重？

2. 撥打你們公司的客服電話

- 要過多久會有人接電話？
- 話筒那頭的聲音，說了什麼樣的問候語？
- 你的來電多久之後被轉接？
- 你在電話上等候了多久？每次都要等嗎？
- 如果你要求客服人員提供一些資訊，能否立刻取得？
- 你提出的問題是否得到滿意的解答？
- 你的詢問是否很有效率的被處理？
- 你是否被尊重？

3. 從你們公司的網站訂購一項商品

- 網站是否能在 3 秒內開啟？

（接下頁）

- 產品是否很容易就找到？
- 你能否順利或是便捷的完成訂購程序？

4. 請一位朋友到你工作的地方，與櫃檯接待小姐約個時間與你見面：

- 這位訪客很快被接待嗎？
- 訪客的要求很快被處理嗎？
- 櫃檯小姐先接電話然後才接待訪客嗎？
- 訪客對於接待櫃檯與被接待的整體印象如何？

5. 把你工作的地方逛過一遍並且仔細觀察：

- 你上班的地方看起來整齊嗎？
- 牆壁、地毯、家具或燈光看起來暗暗的嗎？
- 同事之間彼此會打招呼嗎？還是彼此刻意避開目光接觸呢？
- 整個辦公室的活力看來如何？
- 洗手間乾淨嗎？茶水間乾淨嗎？
- 公布欄上，是否貼滿了私人的留言或是時效早就過期的告示？
- 辦公室的整體感覺看起來吸引人嗎？
- 你最喜歡這地方的什麼？
- 你最討厭什麼？
- 你願意在這裡工作 20 年嗎？

第六章

經營，不外乎讓人「有感覺」

只有極少數企業的執行長和高階主管，會用這種方式測試自家的系統，但我相信每個人都有這樣的經驗：打電話到某家公司，先聽到的是一長串令人頭昏腦脹的錄音指令：「○○請按1、××請按2……。」你見過有人很喜歡這種待遇的嗎？我常告訴企業的主管們，如果可以的話最好不要這樣，因為等到來電的人終於能夠與真人說上話時，恐怕已經一肚子火了。消費者與企業打交道的經驗一旦產生了負面的情緒，要想讓他們感到舒服將會加倍困難。

情緒可不像統計數字那麼容易忘記，我相信沒幾個人記得左撇子在總人口中占有多少比例（約七%至一○%），但如果某位左撇子同事曾對我們「比中指」，肯定一輩子忘不掉。當事情涉及負面情緒時，就算好幾年以後，我們都還會牢牢記住不愉快的事：因為這個資訊會儲存在大腦的長期記憶區塊裡。

過去我曾前往歐洲出差，結果信用卡號碼被盜用，我立刻打電話給信用卡公司，這種時候可是分秒必爭的。但沒想到已經被這個意外事情搞得很不爽的我，居然還被要求要把多達二十三碼的信用卡號碼輸入手機，之後還要按照一連串沒完沒了的語音指令按這按那，我簡直快氣炸了。等到我終於有機會跟真人講話時，我的怒火已經比剛掉卡時增加一倍了。**儘管我們都不承認，但我們在做事情時難免會摻雜著情緒，而那些明白且願意面對這個事實的人，就能在職場上擁有優勢**（我將在第八章教你處理職場情緒的策略）。

如果你真的很在意你們公司，請定期測試你們的電話撥接系統，並仔細研究來電者在線上等候時所播放的音樂。過去我在線上等候一通電話時，這家公司把背景音樂轉接到廣播電臺，我只聽到副歌不斷傳出「去死吧」和「呵呵呵」——我一點也不想聽這種莫名其妙的音樂。我朋友的遭遇更誇張，她在等人接聽的時候，竟一連聽了五分鐘總機小姐在調電臺頻道的刺耳電波聲。

不管你是親自做測試，還是拜託朋友幫你測試，與你們公司打交道的過程中所經歷的每件事，都應該讓來賓留下愉快的經驗。如果不是這樣，你們公司的顧客一定被惹惱，甚至懶得再跟你們打交道，那麼你花再多的時間和金錢聘請名校的畢業生來工作，以及購買最新的軟體也沒有用。所以，你們公司不能光是注重有形的門面，電話打進來的時候，更多客人接觸到的是另一種門面，這種門面要定期檢查、確保應有的水準。

「安全」是可以標價的感覺

我小時候有天跟著父親四處開車找一家五金行，當我們終於找到一家店時，我父親卻直直開過去，我問他：「為什麼不停車呢？」父親回答說：「因為這家店的玻璃很髒，它一點也不在乎自己的門面，又怎麼會在意它的顧客呢？」父親的教誨讓我明白這些事情的

第六章

經營，不外乎讓人「有感覺」

重要性。

你曾在第一章中看到「破窗理論」的說法，環境會影響人們的行為，負面的環境會造成負面影響，甚至使人犯罪，正面環境則會對人產生正面影響。你應該好好研究「環境」這項威力強大的非言語行為，透過適當的環境管理來影響別人對你們公司的觀感。

比方說，珠寶店的玻璃一定是各種店面最乾淨的，為什麼？因為這樣經過的顧客才會探頭看裡面的珠寶！如果玻璃很髒，誰會想看？如果你想要賣房子，仲介會建議你做什麼？先把房屋外觀整理整理、裡頭上一層新漆，並且把玻璃洗乾淨，這些全都是為了改善房子的第一印象。

我們也會根據第一印象挑選銀行，有人或許以為，銀行不就是銀行嘛，沒錯！正因為所有的銀行都提供幾乎一樣的主要放款利率，所以看起來似乎大同小異。但**顧客會根據三個理由決定他們要跟哪一家銀行做生意**：它的外觀看起來如何、它的內部看起來如何，以及他們對待客戶的方式。一般而言，除非提供獨家的產品，否則大多數企業所提供的東西各種條件加加減減之後，其實是差不多的。

加油站跟銀行差不多，因為各加油站販賣的東西全都一樣，但是有頭腦的加油站老闆知道一個重要的經營祕密：那就是加油站的燈越亮，客人就越樂意上門加油。假設現在有兩座相鄰的加油站讓客人挑選，其中一家的燈光明亮且打理得很整齊，另外一家則燈光暗

迪士尼賣的是觀感

迪士尼樂園最明白「觀感」的力量：它們很清楚，遊客希望覺得自己進入了一個神奇的世界裡。所以園裡的每樣東西都定期擦上新漆，因為神奇世界裡是不會有破舊或有刮痕的東西；如果前晚下過雨，放晴時就會有人把東西擦乾淨，因為神奇世界裡是不會有灰塵和髒汙的。

在我看過的所有迪士尼夜間遊行中，數百名表演者都穿著閃閃發亮的衣服，上頭的每一盞燈泡都是亮的，因為迪士尼明白，只要有一盞燈泡不亮，一定會被發現。

迪士尼樂園經營成功的最大功臣就是對於細節的注意：安全、乾淨、行為舉止得宜的員工，以及每一盞燈泡是否都亮了。

淡且不整齊，客人通常會選擇燈光比較亮、比較乾淨的這一家，就算它的油價稍微貴一些也無妨，為什麼？因為他們覺得比較安心，**安全讓人感到舒服、不安全令人不舒服，當不舒服的感覺達到一定程度時，你的大腦就會認為你處於不安全的狀態。**

這個「舒服＝安全」的等式在任何地方都適用，包括在非常擁擠的電梯裡、在高聳的懸崖邊，以及在鞋子裡發現一隻蟑螂的時候。在我過去曾任職的某所大學裡，很多學生都不肯使用校園裡的停車場，卻從來沒有人問為什麼。等到終於有人開口詢問學生時，他們的答案很簡單：那裡的照明不足。他們寧可把車子停在有路燈的街上，也不願把車子停在暗暗的停車場裡。舒服與照明並非只是安全問題，很多公司都曾因為未提供足夠的照明而被告，因為它會自然而然的造成治安惡化。

「安全性」跟舒服一樣，也是一種可以販賣的感覺。因為當我們「覺得安全」時就會覺得舒服，這是汽車業在替車子加裝安全氣囊時發現到的，因為大多數的汽車安全氣囊根本沒有用過。

其實，在發生事故時，一個安全氣囊是不夠的，像我的車子一共有六個安全氣囊，儘管絕大多數的安全氣囊都是備而不用，但人們願意基於「覺得安全」的考量，而付較多錢購買有六個安全氣囊的汽車、而不是買兩個安全氣囊的，因為天底下再也沒有比充裕的安全設備（尤其車上載有孩童時），更讓我們「覺得」安心舒服的東西了。

第六章
經營，不外乎讓人「有感覺」

企業應保持體面的外觀，就跟一般人必須打理好自己的儀容沒啥兩樣，因為這表示我們對別人的尊重。這些像是「化妝」的小改變，其實是很重要的，所以請你留意你們公司所擦的化妝品——外觀、聲音與感覺。

我會問我的客戶：你們公司給人什麼樣的感覺？是「一塵不染、重視客戶、井然有序、我們在乎我們的外觀」，還是「這些事情全沒放在心上」？我敢跟你打包票，顧客可是非常在意這些細節的。

每家公司的門面，原則都一樣

當客戶進入你的工作場所後，他們會產生什麼樣的感受？他們很容易找到路嗎？立刻有人上來接待他們並提供協助嗎？他們看到的是井然有序還是雜亂無章的工作環境？保全櫃檯顯現應有的威儀，能贏得別人的尊敬嗎？接待櫃檯親切有禮，並能防止訪客偷窺到公司的機密？辦公室完全沒有任何磨損和汙漬，就像告訴訪客：「這裡沒有什麼事情會遭到忽視，因為我們什麼都在乎。」嗎？

不論你們公司的規模只有一間辦公室還是一整棟大樓，是只有簡單的辦公隔間或是每一房間都裝潢得美侖美奐，也**不論你們吸引顧客的最大原因是靠創意還是保守穩健，每家公司門面的基本原則都是一樣的**：要給顧客有秩序、有效率、很實用，以及充滿正面能量的印象，因為以上這些印象全都會告訴顧客：「我們會立刻對你所重視的事情提供最佳服務。」所以，你要給自己任職的公司來趟辦公室巡禮，仔細檢查以下所列舉的每項原則是否確實做到，因為工作環境不只會影響顧客對你們公司的觀感，也會影響員工的態度與行為，就像「破窗理論」說的。要注意：

- 辦公室不是住家，就像我們必須穿著適當的服裝去上班，職場上也有一些標準必須

第六章

經營，不外乎讓人「有感覺」

18 種白，為了讓你舒服

我經常在賭城拉斯維加斯的凱薩宮飯店教學*，有天我發現飯店外頭放了一大堆油漆，拉斯維加斯的飯店經常派人粉刷，所以才會永遠看起來那麼吸引人，巴黎的艾菲爾鐵塔也經常重新上漆，所以我對這個景象並不感到意外。令我意外的是油漆桶上分別寫著不同的數字，我忍不住向一位油漆師傅請教其中的玄機，他指著附近的一座雕像問我：「你看到那座雕像了嗎？它比後面的那座稍微白一些，所以比較顯眼。每座雕像都有一個對應的數字，我們一共有 18 種不同顏色的白、20 種以上不同深淺的膚色。」

到賭城觀光的旅客，從機場就會看到這些氣勢雄偉的建築物，它們看起來永遠都跟新的一樣，玄關處的刮痕甚至在 3 個小時內就會重新上漆。住在這裡不便宜吧？那當然，但客人還是不斷湧入這個特別吸引人的殿堂：它的住房率高達 92%，這是他們每天努力維護飯店的美觀所得到的回報。

美感、美麗、整潔都能讓人感到舒服，而且會帶來成功，這是客人選擇入住此地的原因。

*作者是主辦世界撲克錦標賽的 WSOP 學院講師。

維護，必要時應訂定一套職場公約（就像服裝規定一樣）供大家遵守。

・整齊能讓顧客產生信賴，整齊的辦公環境告訴顧客：「我們是值得信賴的受託人，能妥善保護您的財產、計畫與重要物品。」

・**把帶有個人色彩的東西減到最少**：支持特定政黨的貼紙、卡通、可愛或是色情的東西都不要出現。即使是個人的照片也有可能惹惱別人，我以前有位同事在辦公桌上放了一張照片，是他的太太和孩子在游泳池裡戲水，想不到有人竟對那張照片看不順眼。誰會料到只是穿著一件樸素的泳裝站在水深及腰的泳池裡，竟然也會冒犯到別人！這也正是為什麼我們必須留意非言語行為在無意中傳達出的訊息。

・如果可能的話，座位可保持彈性。**座位最好不要面對面擺放，而是呈適當的角度，因為這樣中間不會有任何障礙，同事間的溝通能夠被加強**。雖然不是每個辦公室都能做這樣的安排，不過如果可以，最好能如此安排。如果座位與辦公桌正好相對，則其間擺放的設備或物品，不應阻礙彼此間的談話或看到對方。

電腦常成為員工與顧客溝通間的障礙，除非某位員工負責的工作是輸入資訊，否則電腦應該擺在辦公桌的一側而非正中，這樣才不會成為與來客溝通的障礙物。

有時候我們會以為我們的環境已經滿足了顧客的舒適需求，但事實並非如此。我合作

第六章

經營，不外乎讓人「有感覺」

的某家律師事務所，有一個非常寬大漂亮的接待櫃檯區，旁邊有一間大約可以坐八個人的小會議室，以及一間可以容納二十人的大會議室。這兩間會議室的位置恰好成九十度角，而且所有的房間皆採用通風及開放式設計的法式門連結起來。

儘管美侖美奐，該事務所的執行合夥人在九個月後卻告訴我，他們使用這些會議室時必須在門上掛上窗簾，因為他們發現，正在打官司的客戶並不希望被接待大廳裡的其他人看到。他說，請想想看，某位婦女坐在其中一間會議室跟她的委任律師討論離婚官司，她肯定會希望得到完全的隱私。雖然那些玻璃門看起來很漂亮，但是沒隱私，而為客戶提供完全的隱私，乃是律師業非提供不可的舒服紅利。

第一印象不光是重新上漆與裝上窗簾而已，經過精心構思及執行的第一印象戰術，能夠吸引顧客上門，並且讓他們想要在你公司、你店裡頭多待好一會兒，最後留下一段難忘的經驗。

幾年前我打算買支智慧型手機，雖然做了一些研究，但還是有不少疑問，且也想找個機會試用看看。那時我走進一家史普林特的門市，迎面看到一個指示牌寫著：「請抽取號碼牌並等候店員服務。」店內的中央擺放著幾張看起來不怎麼稱頭的椅子，而且擺放的方式讓人感覺就像到了衛生所。那些在等候中的顧客看起來都很無聊，所有展示的手機全綁著短短的電線或放在玻璃櫃裡，不是很難拿，就是根本拿不到，我原本走進店裡時已經打

不必天天都便宜的量販店

食品零售業這一行很不好做，因為它的毛利率不到 5%。如果你從事食品零售業，必須讓顧客能夠很方便且很開心的在你店裡採購，才能吸引他們成為常客。在佛羅里達州有個連鎖超市叫做「普利市」（Publix），它並非平價的量販店，尤其是我家附近的那家門市，它的停車場總是一位難求，因為他們很懂得如何讓顧客感到「舒服」。「普利市」傳達的「舒服訊息」有以下這些：

- 絕不會有購物車堆放在停車場，以致刮傷顧客的車子，或是阻礙顧客進出，因為店員會立刻把購物車推回原位，讓下一位顧客隨時可以取用。**舒服訊息：你在意的事情我們也重視。**
- 洗手檯就設置在購物車集中區旁邊。**舒服訊息：健康＝安全；安全＝舒適。**
- 你詢問某位員工，不管是問倉管人員或是店經理，問他某樣東西放在哪裡，他都會放下手邊正在做的事情，直接帶你過去拿。**舒服訊息：滿足你的需求是我最重要的一件事。**
- 如果下雨了，員工會撐傘送顧客上車，且絕對不收小費。**舒服訊息：您的舒適就是我的工作。**
- 禁止露出刺青，男性員工不得戴耳環或蓄長髮，員工皆須穿著合身的制服。**舒服訊息：您可以安心在此購買全家人的食物。**

（接下頁）

- 如果顧客覺得走到停車場不安全，店經理會親自護送或指派某人陪伴顧客走到他們的車子。**舒服訊息：我們重視您的安全。**
- 不管你因為任何原因而不喜歡某項產品，都可以無條件退回該項商品。**舒服訊息：顧客想要和需要的東西，是本店最重視的事情。**
- 收銀員總是微笑迎客。**舒服訊息：很高興您光臨本店。**

以上所說的這些購物經驗，是不是令你大開眼界？我在佛州住了四十多年，期間也看過很多食品業者前來開店或結束營業，但「普利市」一直屹立不搖且生意興隆，因為他們懂得「以客為尊」。

算買手機了，後來我卻空著手離開。

之後我來到蘋果商品專賣店，一進門就有一名員工過來問我需要什麼，裡頭還有一堆人等著服務顧客。當我告訴她我對某款手機很感興趣，她便領我走向展示檯，並回答我所有的問題，能夠得到如此迅速的服務以及清楚的說明，真是令人感到貼心，而且我還有機會試用了一下。

當我準備掏錢購買時，根本不必排隊等著結帳，這位年輕的女店員立刻用她放在褲袋裡的一具可持式結帳器幫我結好帳，她還說等我到家後可以從電子信箱裡取得收據（的確如此）。我彷彿經歷了一次夢幻般的購物經驗，至於前面那家店給我的感覺，則像是一家明明

服務業是隨時有緊急狀態的行業

美國佛羅里達州坦帕市的著名景點布許花園（Busch Gardens）的保全組長告訴我：「我們一整天都忙著做好緊急防護措施。」由於氣象預報告知大眾當晚會降霜，可能會毀掉園內的許多植物，所以大夥正忙著採取因應措施。他說每一棵被毀損的植物隔天一早即會被換新：「我們並不是一株一株換新，而是整排換新。因為老闆認為，訪客來到這裡，就是想看到美麗的花園，誰管你是不是才剛遭到霜害，所以我們必須讓溫室裡的植物全部準備就緒。就算是一早 9 點就進園參觀的訪客，也會看到一座綠意盎然的花園，裡頭的植物竟然一點也沒有受損。」

擁有十五個結帳收銀臺的大賣場，平日卻只開放兩個收銀臺，它傳達了這樣的訊息：我們只在乎你的錢，不在乎你的時間。

難怪我去過的每一家蘋果商品專賣店，裡頭永遠擠滿了在看貨和買貨的人，附近有家購物中心甚至還準備了接駁車接送客人。逛蘋果商品專賣店是件愉快的活動，不單是因為這裡有很棒的產品，而且店員的親切服務更令購物成了一種享受。以前我有位德國朋友每次來拜訪我時，都一定會去蘋果商品專賣店逛逛，而且因為他很享受那裡的購物經驗，所以每次去一定會買東西。請問有多少家店進去後，會讓你感到賓至如歸？實在是不多。

以上所舉的這些例子或許很極端，卻一點不假，每一個例子都讓我們看到：一家企業由上到下的每一個人，都為了顧客的舒服而打拚，從公司的外觀到內部的所有細節，都是為了要讓顧客感到滿意。

以前我開車時看到一輛聯邦快遞的貨車停在一個自助式收件箱旁，司機正在把收件箱清潔乾淨，這又是一個全公司從上到下都努力讓顧客滿意的例子。顧客永遠是從小細節來要求美麗與乾淨，而懂得留意這些小細節的企業將得到更多利潤，因為大家都喜歡整潔乾淨、井然有序及賞心悅目的東西，顧客想買的不只是產品，還想買到舒服，這乃是人性。

你有心，就得讓顧客看到

以前有人請我到紐約評鑑一個剛裝潢完工的辦公室，整個空間的規畫看起來很棒：乾淨的走道、明亮的燈光，有時尚感但不至於過分新潮。這種地方一看就知道是由一群聰明且活力十足的人在經營，而且有心繼續做出好表現。由於這是一家要經手大量金錢的公司，而且客戶必須提供大量的私人資訊，所以我向主人建議：「只少了一樣東西，那就是碎紙機，你必須在每個房間都擺上一臺碎紙機，而且要確保客戶看到它們，尤其是在會議室與會客室。」

我跟對方解釋道：「你們是一群年輕人，公司成立才六年而已，而且你們是拿別人的錢在投資，所以必須讓客戶放心。你要讓他們明白，你們不僅重視自己的投資成績——成功賺進了數百萬美元——而且也非常小心維護顧客的個人資訊。

「所以你們在開完會離開會議室之前，務必要把沒有必要留存的任何紙張用碎紙機銷毀，你們公司的客戶肯定非常在意商業間諜與個人資訊被竊取，如果你每次都順手把文件銷毀，就讓你們的作業標準提高了一個層次。」

就像醫療人員要洗手，經手金融或私人資訊的專業人士也必須養成碎紙保密的習慣。由於現今個人資訊被竊取的情況越來越多，我的客戶很高興我提出大量設置碎紙機的建議，因為此舉不但彰顯出他們有強烈的保密意識，且因此招攬了更多的生意。

後來對方告訴我，增設碎紙機，替他們增加了難以估算的商機，因為每次有客戶看到他們隨手碎紙保密，就會大聲稱讚：「這真是個好點子！」一個看似尋常的舉動，卻展現了他們積極保護客戶個人資訊的決心。

另外也是一家投資公司，他們宣稱具有高人一等的實力，能隨時掌握產業的變化，為客戶提供最棒的投資建議。我說：「這的確很棒，但客戶怎麼知道你們不是吹牛呢？」

看著他們疑惑的表情，我繼續解釋：「你們必須讓客戶親眼看到你們掌握所有的資訊，人是視覺的動物，他們必須看到你們是如何處理那些資訊。所以你們應該設置一座大型的銀幕，讓客戶看到你們努力的樣子，才能讓他們留下深刻的印象。如果你們跟別人一樣，坐在一個小小的辦公隔間裡，緊盯著一個小螢幕，這樣看起來跟客戶在家裡看電腦的情況有什麼不同？那樣無法顯示出你們處理資訊的超強能力，所以你們要讓客戶看到資訊源源不絕的匯入這個地方的心臟，你要在辦公桌上放一個超大尺寸的顯示器，才能把其他同業給比下去。」

他們完全遵照我的建議去做，並發現客戶會駐足在這些大銀幕前觀看他們的投資表現——過去這些資訊只能和員工一起湊在電腦螢幕前瞇著眼睛看，要不就只能列印在書面資料上。這筆小小的投資，傳達的是一個極有象徵意義的（非言語）訊息，讓這家公司提升了企業形象，賺飽了鈔票，也讓客戶參與了整個過程。

換了工作也得留住關係

很多非言語訊息並不需要花大錢營造，比方像名片，並不需要花很多錢印製，但是因為它們能夠進到客戶口袋裡，所以具有很強的滲透力。我把名片看成是企業第一印象的延伸物，你們公司的名片必須反映出你們這一行的標準——譬如銀行業或律師業的名片，肯定與不動產仲介業不一樣，不動產仲介人員常會把他們個人的相片印在名片上。名片應避免俏皮可愛的圖案，你應該好好研究一下你們這一行的標準，並參考其他同業的設計，製作出一張吸引人的名片。

如果你正在待業中或有意轉換工作，不妨準備一些名片來自我推銷，可以自己用家裡的電腦印，也可以請廠商印，不管是自印還是請人印都很簡單，不會花很多錢。

如果你知道或懷疑自己很快就得離職，最好趕緊改用你的私人名片來建立人脈，**就算換了公司，你最好持續使用同一個電子郵件帳號與同一個手機號碼**，千萬別讓人還得花時間來找你的最新聯絡方式（我的意思是，公司提供給你的電子郵件地址，未必是最適合你用的）。如果公司禁止員工使用個人電郵信箱，你的重要往來對象就該擁有你的私人電郵信箱。

另外還有一個企業第一印象的延伸物，就是別在西裝翻領上的別針：它能**顯示我們是某個團體的一員、引起別人的注意（這正是使用裝飾品的目的）、讓人有搭訕的話題，以及招攬生意**。我就曾因為別著JNForensics的別針（**替自家公司打廣告**），而獲聘主持一個研討會。這個別針的樣式很像一塊拼圖片，所以很容易引起別人的注意：

「這個別針好有趣喔，是什麼呀？」

「這是一小片拼圖，我在教人判讀非言語行為，以解開心裡不說的謎團……。」

「好巧喔，我們公司正好在找一位講師，你能不能來……。」

這一切全都是因為一枚小小的別針所引起的。

如果你認為小小別針沒什麼用處，不妨看看有多少公司特別製作這些東西給員工，像前美國總統歐巴馬就發現到它的妙用，當他過去在大選前被主播杜博思（Lou Dobbs）批評不夠愛國，他馬上別了一枚美國國旗別針在西裝的翻領上，而且自此一直別著。

印有公司行號標誌的公事包或行李吊牌，也是增強第一印象的方法，而且說不定會引起某人的回憶，進而與你展開一場對話，你永遠無法預知下一位客戶會在哪兒出現。

你擺爛，同仁絕對不落你後

我發現很多時候員工的表現不佳，其實是糟糕的工作環境造成的（破窗理論）。同樣的情形是，穿著不專業的衣服就會導致不專業的行為（請參考上一章），雇主不重視工作環境中的細節，員工就會表現出鬆散的態度和行為。

當我住宿在牆面破損、裝潢脫落的旅館裡時，我就知道這個地方缺乏良好的管理，**如果管理者繼續讓年久失修的狀態持續下去，員工也會跟著「擺爛」**。其實一開始員工的行為可能只是有點脫序，但之後就會變本加厲，因為他們被訓練成凡事都無所謂，所以員工會開始在走廊上大聲喧嘩、穿著邋遢，完全不在乎自己應扮演的角色，不久後，他們甚至會不在乎的拖著行李或放任清潔推車刮傷牆面，所以牆壁才會看起來到處是刮痕。

先有行動，才有卓越

湯姆．畢德士（Thomas J. Peters）與羅伯特．華特曼（Robert H. Waterman, Jr.）在 1982 年出版《追求卓越》（*In Search of Excellence*）一書，這本暢銷書分析了美國經營最成功的幾家企業有哪些作為。

兩位作者發現，成功的組織多半擁有八項特質，有趣的是，其中有半數特質都跟非言語行為有關：例如起身力行而不是光開會不做事、了解顧客的喜好、用領導來代替管理。兩位作者指出，領導者在面對狀況時，願意下決心採取正確的行動，是企業成功的重要關鍵。遲遲不肯採取行動，通常是出於害怕（停止反應）、懷疑或缺少信心，這種情形有可能對一個原本十分穩固的組織造成毀滅性的傷害，對於正在草創的新創公司，更有可能因此而「一命嗚呼」。

你們公司的員工知道該採取哪些行動可以使顧客感到舒服嗎？他們對答案有信心嗎？你有信心嗎？

以旅館來說，當管理階層開始整頓旅館的門面與留意小細節，員工就會從這些非言語行為中得到訊息：細節是非常重要的，而且員工會開始以一個處處要求完好，也處處維持完好的旅館其員工為榮。你問我為什麼敢這樣斷言，因為我曾跟在這種處處完好地方工作的員工聊過，他們對於自己能夠在一間有水準的機構裡工作感到驕傲。

你認識哪個人是以在一個平庸的公司工作為榮

的嗎？每個人都希望自己上班的地方能讓自己有面子，並以能對這種公司的業績做出貢獻引以為榮，當管理階層在乎公司的表現而不是帶頭幹譙，員工就會跟著在乎而不私下幹譙，顧客就會注意到你們的努力。

如果你未曾明確表達你對員工的期望，就不能怪他們表現不佳，所以你最好擬訂一份有明確描述的工作規則，詳細說明如何對待顧客：要多快服務顧客？業務人員或服務人員該如何問候客人？銷售人員與服務人員就像是企業的面門，你們公司的相關人員是否能讓客戶留下最好的印象？

萬豪（Marriot）旅館集團一向重視員工的培訓，該公司會很明確的告知員工該怎麼執行工作。拿一件小事來說，公司要求每一名員工，不管你是清潔工還是泊車員或是旅館的負責人，見了人都要由衷的問好。這跟其他飯店的做法真的很不一樣，有些飯店的員工跟客人擦身而過時通常不敢正眼看人，尤其是負責客房清潔的人員，好像做了什麼虧心事一樣。但只要你進出萬豪旗下的旅館，都會受到這樣熱忱的招呼，這不但令客人感覺備受禮遇，同時也會覺得這間旅館給人一種心情開朗的特別感覺。

這些看似微不足道的小事其實都會影響服務品質，過去我到住家附近的某間餐廳用餐時，就看到服務生竟然在客人面前講手機，而客人正等著他上菜。究竟是多重要的事，讓他非得中斷工作講手機不可？這就是該加強訓練的地方：在工作時，絕對不可以使用手機，必須等到休息的空檔才可以。前陣子我甚至看到空服員也不當使用手機，她們竟然在旅客登機時不停的接電話和發簡訊，放著旅客不管。

態度是可以用金錢衡量的產能

用正面的態度、面帶微笑與人溝通，是天底下威力最強大的非言語行為。過去我想找個適當的地方與客戶碰面喝杯咖啡，於是我走進一家咖啡店，收銀臺卻找不到任何一張名片，於是我便問收銀員，而她正忙著打結帳單，竟然看也不看我一眼，就硬生生的回答：「我們現在沒有名片。」就因為她這句話，這家店失去了一筆生意；相反的，另外一家新開的餐廳雖然還沒印好名片，它的收銀員卻懂得變通，他遞給我一張菜單的影本，並且笑著對我說：「先生，這上頭有我們餐廳的聯絡電話。」

這正是我一再講述各種例子——從汽車旅館的櫃檯排隊人龍，到食品市場與蘋果商品專賣店的貼心服務——想強調的重點：**採取行動要比完全無作為好**。

佛羅里達州布蘭登市的「比爾藥局」是一家不可思議的店，第二代老闆約翰幾年前從老爸的手中接下這家店，這家店打從一九五六年開業以來，就經營得有聲有色。它隔壁就有一家沃爾格林藥房（Walgreens，全美最大的連鎖藥局），而且在距離不到一英哩的範圍內就有另外三家大型藥局，很多人卻寧可從奧蘭多開一個多小時的車到這兒來拿藥，為何如此？

因為這兒的員工全都非常熱忱的服務客人，且樂於幫客人解決問題：保險公司不肯付這筆錢？他們會打電話並解決問題；醫生不回你電話？醫生會接老闆約翰的電話；你沒辦法開車到藥局拿藥？他們會把藥送去給你。如果你需要藥師跟你解釋某件事，他會花時間解釋給你聽，而不是隨便拿一張說明書叫你自己回去看。客人一走進藥局裡，馬上就有人過來服務，而且他還叫得出你的名字。請想想看，在現今這個時代裡，別處還有這樣貼心的服務嗎？

在我家附近，走路的距離內就有兩家藥局，但我寧願開車到二十八哩外的比爾藥局，因為他們店裡的優質服務和友善的氣氛，值得我大老遠開車跑這趟。你住的地方有多少家店是像這樣的？所以比爾藥局從不擔心競爭，因為它們的產品和服務是沒有人能夠匹敵的，其實比爾藥局的營運模式非常簡單：好好對待你的顧客，只要顧客一進門，就讓他們獲得優質的服務，他們自然會絡繹不絕的再度光臨。

跟行動同樣重要的是態度，態度是無法測量的，它卻能轉化為具體的盈虧。態度大多數時候是以非言語的方式表達，我們每個人都很清楚記得走進某些店家或企業，然後遇到了某個「態度很差的傢伙」，我們從那種人身上看到什麼？我們看到皺眉頭、看到滿臉不想理會客人的表情。身為顧客的我們會怎麼做？我們不會再上門。你說，態度能不能用錢來衡量呢？

企業必須明確告訴員工：公司非常重視他們的表現。如果可以的話，最好在僱用員工之前，就先把這些期待講清楚，而不要等到僱用後再告知。大多數員工都很想有優異的表現及獲得成功，這都得靠經驗較為豐富的前輩和主管悉心教導，告訴他們哪些做法有效、哪些行為能讓顧客感到貼心，以及怎麼做才算得體。在你的公司，新人有人帶領嗎？還是就丟到崗位上讓他自己摸索？

也就是說，當領導者的人必須以身作則，透過非言語行為讓其他員工明白你的標準：你自己是如何對待客戶與部屬？你如何保持辦公室及個人的整潔？你展現出什麼樣的做事態度、溝通風格以及行為舉止？當主管的人天天訓員工是沒用的，你得透過你的非言語行為告訴員工：「跟我這樣做、學我這樣說！」

成也總機、敗也總機

我曾受邀到曼哈頓的時代華納大樓參加一個電視節目錄製，那棟大樓裡頭全是一些赫赫有名的企業，所以我很興奮能上這個節目。但在進入攝影棚之前，我必須先通過櫃檯與保全這兩關，我先到櫃檯那兒，接待小姐正以某種莫名其妙的順序在排放證件，當我站在她面前時，她還是繼續忙她的事，並沒有理會我。

她嘴裡慢吞吞的吐出：「我有在聽喔。」

但我什麼話都沒說。

她依舊沒抬眼看我，而且又說了一次：「我有在聽喔。」

「既然這樣，就請妳坐好，抬頭看著我，然後說：『先生，你好。』」

此刻她終於正眼看我了，臉上帶著被某個不該惹的人物硬生生打擾的表情，她立刻覺悟到自己犯錯了，惹了個不該惹的人。當我一眨也不眨的直視著她的眼睛，並說明我的來意後，她試圖向我解釋她剛剛的失禮行為。

可嘆這家公司花了巨資裝點門面，卻未能好好訓練它的員工表現出應有的規矩，現在每當我經過這棟大樓，我完全不記得當天的錄影內容，只記得那位接待員以冷冰冰且討人厭的聲音說著：「我有在聽喔。」我能想像每天到那兒洽公的人會有什麼樣的心情，但這一切全都要歸咎於管理階層沒有好好測試自家的接待系統，並放任那位接待員做出不禮貌的行為而未受懲處。

接待員和總機就是一家公司伸出去的握手禮：是顧客與你們公司的第一個真人接觸。

我常告訴主管們：「你花一堆錢僱用及培訓員工，千萬別忘了顧客最先見到的那個人是誰，絕對不會是你，而是另外的某個人。而這個人的表現將決定你們公司接待客人的水準，所以你一定要明確規範他們對待客人的方式，不能隨便碰運氣。」第一印象相當重要，因為顧客對第一次接觸時的狀況非常敏感。

要正確接待客人並不是件容易的差事，但這些人的職位和薪水通常都不高，而且管理團隊往往還讓他們兼做接電話、信件收發以及其他的支援性工作，所以這些人往往也是公司裡頭最容易擺出臭臉的人。公司必須說清楚對坐在接待櫃檯這個位子的人有什麼期待，並且要讓他們學會把同時出現的好多項工作安排好處理順序、如何接待來客、如何表現得體，並且讓別人感到舒適。

好消息是：**只要花一個小時**就可以完成大部分的訓練工作，你必須在那一小時內教他以下這些事情：

- 接待來客的適當用語（請參考第二二四頁列舉的迎賓詞），並且要跟他們強調：只能使用這些用語。
- 說明眼神接觸的重要性，要正眼看著來訪的客人，以示尊重。
- 設定優先順序：當某人就站在你面前時，你必須先放下其他工作，詢問對方的來意；如果你正在接電話，先趕緊結束對話並立即招呼來客，之後才能再接聽其他電話。

第六章

經營，不外乎讓人「有感覺」

・一般人通常都會出於反射動作，先接聽不停在響的電話，但如果你面前有客人時，你一定要按捺住這種衝動：因為如果是很重要的事情，對方會再打來，但是站在你面前的人可是按捺不住的。

・如何保護公司及客戶的資訊：包括口頭的、書面的以及電腦上的資訊。

・說明清楚公司的服裝儀容規定，解釋第一印象的重要性。

財報我看不到，態度我看得到

一旦訂下了規矩，就明確告知員工，然後認真維護公司的形象，這可是跟營收有關的大事。**標準是會日漸鬆懈的，雖然沒有人真心想偷懶，但每個人真的都很忙，而且都很容易分心**，所以難免不想花時間維持高標準。如果員工一連幾天都因為忙得不可開交，而忘了使用正確的話語和行為，甚至還養成了一種新的懶散習慣，以後就會一連幾週或幾個月都做不到。

來公司的客人會注意到什麼：電話響很久才有人接聽；沒有人快速接待或服務訪客；大家拚命使用新買的漂亮咖啡機，使得小茶水間裡堆滿了沒洗的馬克杯；走廊上堆滿了檔案箱；走道上的燈泡壞了沒有換新，這些情況客戶全都會看在眼裡，搞不好在一進門後的

不論來者何人，都得這麼接待

當你們公司的接待人員在迎接來賓時，務必用以下三句話向客人問候：「早安（或午安），先生（或小姐），我能為您服務嗎？」

提醒公司的接待人員，絕對不可以用以下這樣的口氣跟來客講話：像是「哈囉」、「嗨，你好」、「有事嗎」、「你要找誰」，全都不行，只能使用上述的標準迎賓語，而且說的時候必須面帶微笑，少了一點都不能被接受。

以下則是說迎賓話語的時候，必須配合的非言語行為：

- 說迎賓詞的時候要看著來客的眼睛，代表你專心服務對方的誠意。
- 說迎賓詞的時候必須像應徵工作一樣面帶微笑，微笑是非常重要且威力強大的非言語行為。
- 如果你正在接電話，盡快結束談話並立即問候來客。
- 先接待站在櫃檯前的來客之後，才能再接電話。
- 盡快處理來客的要求。
- 讓來客知道你要如何服務對方。
- 無論對方是誰，都不可以做出下列行為：目光飄忽不定、假笑、冷笑，或是做出不尊敬客人的動作（非言語行為）。
- 不可以看雜誌或上網聊天。
- 值班時不可以接聽私人電話，你以為沒有人知道你正在跟朋友閒聊，但其實那種行為是很明顯的。

幾秒內就一覽無遺，於是清楚的記在腦子裡，因此對你們公司留下了一個長期無法抹去的壞印象。光是一粒老鼠屎就足以壞了一鍋粥，千萬別忽視「瞬間判斷」的威力，全公司上下都負有讓顧客滿意的使命，再說一次，這可是跟營收有關的大事啊！

網路豈可比人慢

網路使用者在幾秒內找不到他想要的資訊，就會離開這個網站：

（a）三秒、

（b）七秒、

（c）十秒、

（d）十五秒？

正確答案：七秒。公司的網站是能見度極高的非言語行為，而且搞不好還是顧客與你們公司接觸的第一個對象。也幸好那只是非言語的接觸，因為一般人如果遇上網站速度太慢或很難用，肯定會開口咒罵。

公司網站要快、要簡單

- 登入網頁的時間越快越好。
- 商務人士只想快速取得資訊，不會太在意網頁設計是否吸引人。
- 網頁的顏色不宜太鮮豔、不宜有太多會讓人分心的圖文，每個訊息應該要很容易看到。
- 選項不宜過多，人們寧可每頁只有四、五個選項，好過一頁就有一大堆令人眼花撩亂的選項，因為那樣很難查詢。
- 每一個新的點選項目應該強化來訪者與網站的關係，所以最好能按照來訪者的需求，讓你們的內容有如為他量身打造（也就是說，資訊得分門別類）。
- 當來訪者做深度搜尋時，應給予視覺上的「甜頭」（譬如點擊「皮艇」即出現皮艇相片的背景，點擊「能在水上航行的交通工具」即出現人們划皮艇的相片）。因為畫面會替口語資訊增添情感，視覺皮質在大腦中占有相當的分量，所以要讓它不斷「有事做」。
- 「快速且清楚」勝過「緩慢且複雜」，與其設計一個需要好長時間才能順利登入的複雜網站，最常看見的是點選進入之後，這家公司讓你看了幾十秒鐘的「loading……」，倒不如立刻跳出來一個簡單大方的網頁。即使你是某個行業的高手達人，但如果你的網站要花很久的時間才能進去，恐怕沒有人會知道你。
- 鼓勵訪客採取行動：讓訪客登錄資訊、與服務中心互動，或是「立即購買」。

第六章

經營，不外乎讓人「有感覺」

我發現業者很少會問：「你覺得我們公司的網站表現如何？」但我們其實應該認真評鑑自家網站的表現，不只是要了解內部員工的看法，更要誠心聽取一般使用者的意見。或許你會聽到：「登入網頁花了好長的時間。」或是「網頁配置太雜亂了。」或「我花了一些時間才找到想要的資訊。」這些負面的評論不要光是聽聽就算了，著名的網路研究者艾咪．艾菲卡（Amy Africa，www.eightbyeight.com）發現，使用者願意花在某個網站的時間非常有限，如果無法在七秒內找到想要的資訊，除非那是個非要不可的東西，否則他們會立刻登出、改上別的網站。

企業花大錢建置內容包羅萬象的網站，但如果顧客無法快速登入，或是網站的內容不符合買家的產品偏好與網路行為，不但錢白花了，恐怕還會造成反效果，影響公司的營收。公司的網站是企業形象的延伸，應好好建置及維護。

有個朋友在談到人類克服逆境的偉大力量時，總是說：「每個人背後都有一個感人的故事。」他說的一點都沒錯，但是我們從未曾真正花心思了解顧客背後的故事，我們不清楚他們真實的狀況，或是經歷過什麼樣的犧牲打拚，但是他們卻願意把辛苦賺來的錢託付給我們。買一棟房子，很可能是某人渴望了一輩子、且存了一輩子才得以實現的夢想；一輛新車很可能是一對夫妻生平第一個共同買下的好東西；一趟海濱之旅可能是那對老夫妻最後一次共同出遊。如果我們能打從心底想像顧客可能經歷的故事，便能感謝他們對我們的信賴，就會想要做到不負所託，而企業給人的觀感便會展現出你的那份心意，並幫你真的做到不負所託。

企業存在的目的就是要豐富顧客的生活經驗，能堅持這份信念的企業一定會獲益。

第7章

縱橫職場的非言語行為技巧

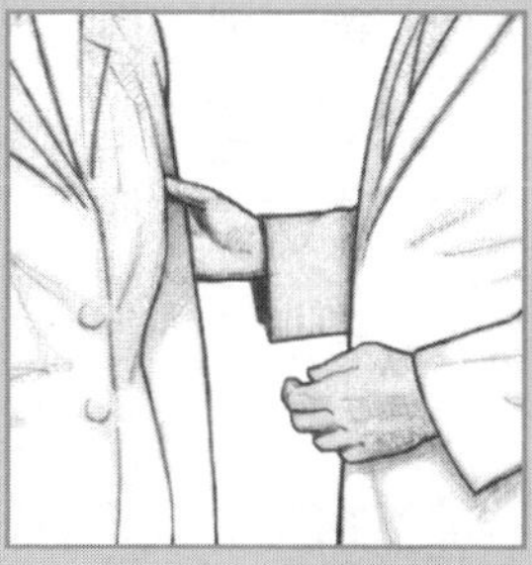

貨運公司派來跟我們開會的四名律師和兩名法務助理，一行六人就這麼聲勢浩大的站在公司門口，形成一堵壯觀的人牆——清一色的深藍色西裝、手上全拿著黃色的Ａ４記事本，我敢打賭，到時候他們開出來的帳單上的數字肯定很驚人。

我在這裡是為了要協助我的律師朋友，他是原告的辯護律師，他的委託人被這家貨運公司的卡車撞傷而全身癱瘓。這六個人到我朋友的事務所來，不僅是為了採集原告的證詞，顯然還抱持著恫嚇的目的。

當律師朋友詢問我的看法時，我告訴他：「他們想恐嚇你的委託人，對方之前根本沒提到要派這麼一大群人來，我們不能讓他們的詭計得逞。」

我要他立刻把事務所裡的員工全叫到大會議室，讓裡頭看起來好像有一個大陣仗的會議正在進行，所以我們沒法使用大會議室。我的律師朋友、原告和我三個人，則進到只可供五個人使用的小會議室。那些人一看到這個小地方當場傻眼，完全沒料到我們要擠在這兒談事情。

現場頓時陷入一片死寂，安靜得彷彿連一根針掉到地上都聽得見，他們討論了一下之後，終於做出決定：兩名律師及一名法務助理留下來，其他的人則離去。

我方採取的作戰策略是這樣的：務必要讓對方律師坐在全身癱瘓的原告旁邊，我還故意把最後一張椅子給那名法務助理坐，好讓我的律師朋友必須全程站著講話，目的是要彰顯他在這個局促空間裡的支配地位。不管對方原本打算採取什麼樣的威脅恫嚇策略，**在談判開始之前就已經破局了**。

這個案子後來進行了數個月，不過對方再也沒搞過人海戰術，整個仲裁期間只派一名律師出席，算是學到了教訓。到最後，在用盡了所有的恐嚇與拖延手段之後，對方終於乖乖按照我們要求的金額賠償。原告受到的傷害是終身的，他從此再也無法走路了，而且還得忍受折磨人的疼痛，對方有責任負擔此人及其家人後半輩子的生活費用。

其實之前已有的案例早就明白規範賠償原則，對方卻還是要想盡辦法拖延、出險招以及試圖威嚇，到頭來根本是白費工夫，不過如果一開始我們沒有反擊成功，最後的結果也有可能是不一樣的。

我朋友的事務所雖然規模很小，不過他很努力捍衛客戶的權益，令我十分敬佩。當初我們若未能及時擋下對方的踢館行動，原告很可能就會被嚇倒而屈服，很多意外事故的受害者若遇到財力雄厚的大公司，往往都落得這樣的下場。這些**非言語的談判技巧是你在法學院裡頭學不到的，我猜商學院應該也不會教**，不過對於替你爭取到公平的競爭立場非常重要。

讀心攻心，不戰而屈人之兵

我在前面幾章不斷強調，做生意要以和為貴，而我剛剛所講述的這個例子卻似乎自打嘴巴，但我會這麼做是有原因的：

· 首先，如果你嫻熟非言語行為，要讓別人不痛快是輕而易舉的；
· 其次，不可濫用這項能力，只能在有人企圖威嚇脅迫你或其他人時，才可反擊；
· 第三點，當情勢對你不利時，你可以運用非言語行為替自己爭取優勢；
· 第四點，你應該在雙方一見面時，就立刻開始施展非言語行為的影響力——如果情況允許的話，能夠早點開始更好，其中的道理你稍後就會明白。

見面時的問候禮節

千萬不要低估了問候禮節的重要性，它是陌生人頭一次做近距離的接觸，並透過所有的感官去體驗對方：看他、聽他、聞他、碰觸他，以及跟他說話，而碰觸的方式通常是握手。在雙方剛接觸的那一小段時間裡，他們彼此就對對方形成了最初步且最重要的「瞬間判斷」，雙方之間的第一個信任關係就在這個時候建立了，所以這絕非一件能夠等閒視之的小事。

打招呼的方式，男女有別

講到打招呼或問候，不宜正面朝向男士的正面走過去，而應保持些微的角度。如果你發現當時的狀況不允許你走向對方的側邊，那就在與對方問好之後，趕緊把身體稍稍偏轉一邊，這麼做比較有利於雙方建立友好的氣氛。即使是跟熟識的朋友打招呼，也**不宜身體正面相對，不妨略偏一些，你將會發現這個位置讓你們彼此的互動更自在**。

相反的，**如果你不是正面朝向女性走過去，反倒容易嚇到對方**。所以跟女性問候或打招呼時，最好能夠正面走向對方，並給她多一些空間。而且除非對方先顯現出放輕鬆的非言語行為，例如主動把身體略微偏過一邊，否則你最好維持雙方正面相對的姿勢（見下頁圖38）。因為女性對於空間被侵犯非常敏感，也不喜歡別人一見面就跟她裝熟，所以要等她主動釋放出她已經卸下心防的線索。

如果你要加入正在談話的兩個人，**若他們是面對著面、腳對著腳，就表示他們並不希望被別人打擾**。他們或許會基於社交禮儀，稍稍轉動臂部面對著你，算是跟你打過招呼，但如果他們的「誠實腳」保持不動，就代表他們不希望被打擾。

圖 37

握手是雙方見面後第一個被允許的碰觸行為，所以握手的方式最好跟著對方依樣畫葫蘆。

圖 38

和女性打招呼時，最好維持雙方正面相對的姿勢。

握手可以敬人也能辱人

前面曾經提過，握手是人們初次見面時的「最高潮」，因為那是我們難得同意讓別人侵犯我們的空間，並碰觸我們的少數場合之一。由於碰觸十分重要，所以關於碰觸的適當時機，以及我們該如何透過握手來問候別人，有極多的社交與文化規範。世界上很多地方的人是不握手的，而是以親吻、擁抱、摩擦鼻子、胸碰胸或其他一些行為互相問候。不過握手仍是最常見的問候方式。

紐約人的握手方式相當直截了當：兩隻手有力握住數秒，輕輕晃幾下，而且腹面相對、兩眼直視對方，再加上一個真誠的微笑；猶他州人握手的力道要再大一些，時間也長一點；洛杉磯人握手的時間較短；中西部各州的人，則以揮手代替握手。至於哥倫比亞首都波哥大，跟其他很多國家（羅馬尼亞、俄羅斯、法國、阿根廷）一樣，僅限於跟男士握手，女士如果不介意的話，你可以嘬唇飛吻她們的臉頰，這是當地的社交習慣。

由此可見，如何正確的問候與碰觸別人，須視情況而定，且應遵循當地的文化與社會規範。

我們多半都有過跟某人握手後感覺不舒服的經驗——譬如力道太強、晃動太大力，或是硬把你的手腕扭到居於下方的位置，好讓你覺得他的地位比較高；有人甚至會用他的食指摳你的手腕內側（超噁），或來個有氣無力的一握。至於最糟糕的一種握手方式，我稱之為「政客式的握手」：某人用雙手握住你的手（見下頁圖39），沒有人喜歡這樣的握手方式，所以千萬別這麼做。如果你想要強調你的善意，不妨用你的另外一隻手碰觸對方的上臂或手肘（見下頁圖40）。

現在你已經明白哪些握手方式是不得體的，那該怎麼做才恰當呢？這得看你是什麼人以及身處在哪裡而定，最保險的做法是照對方的行為依樣畫葫蘆。用心體會對方如何握

圖 39

「政客式的握手」是指雙手握住對方的手，千萬別用。

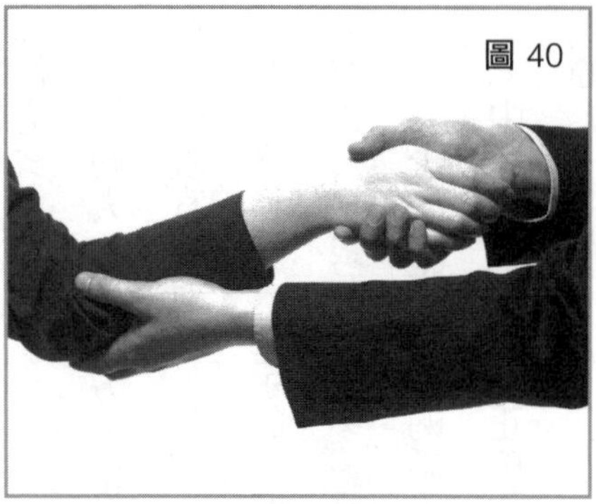
圖 40

如果你想強調自己的善意，可以用另一隻手碰觸對方的上臂或手肘，但絕對不可用手蓋住對方的手。

手，然後施出跟對方相同的力道即可，不要太大力也不要軟弱無力。恰當的握手禮讓雙方都能感到愉快，但如果你感受到一個極不愉快的握手，也絕對不可以露出痛苦或不屑的怪表情（很多人會不自覺的露出這種表情），坦然接受它就是了，記住並非所有的文化都主張要大力握手。

敬人一尺可贏得方寸

接下來要談每個人的空間需求，通常在我們握完手之後，緊接著個人空間的問題就會登場。你個人的空間需求——**你需要多大的空間才會感到自在**——既是個人問題也是文化問題，因為你在哪裡長大的，通常會決定你需要多大的個人空間。

如果你是來自地中海或是南美洲國家，即使別人靠得很近你也不會難受；但如果你來自北美地區，對方跟你保持一隻手臂以上的距離，你會覺得比較舒服。人類學家愛德華・霍爾（Edward Hall）曾深入研究這方面的議題，並提出「人際距離學」（proxemics，或稱空間關係學）一詞，來形容每個人都需要的空間。

霍爾發現，每個人都有其空間偏好，如果是在擁擠的電梯裡，某人離你很近是OK的，但如果你正站在提款機前面提錢，那就不行了。這一類違反人際距離的行為，即使是出於無心的，都會令人產生非常負面的腦緣系統反應，使我們提高警覺且感到緊張不安，甚至無法保持專注。

我們與某人第一次見面時，只要評估一下對方的空間需求，即可避免讓對方產生空間被侵犯的不愉快感

碰碰你，讓你心花怒放

我之所以要花那麼多的篇幅再三強調「碰觸」，是因為「碰觸」極有助於建立融洽的關係。科學研究已經證實，身體的碰觸是有好處的，這是因為碰觸會導致催產素的分泌，這是建立人際關係的一種腦內化學物質。

催產素會讓我們比較容易被他人影響，餐廳的女服務生都知道，當顧客被碰觸了，就會付更多小費。對於一般人而言，透過溫柔的碰觸別人的上臂強調善意或帶領對方就坐，都能使對方產生正面的感受。

不過我也必須提醒大家，有些人並不喜歡別人碰他，因此你必須另外留意。不過對於大多數人而言，「碰觸」是件好事。

覺。**當你們握手之後，你不妨稍稍往後退一步，然後看對方是靠過來，還是站在原地，抑或是往後退，還是微微側過身去**。這些動作乃是暗示其空間需求的線索，因為對方正自行調整與你之間的距離。如果兩個人越聊越投機，通常會越靠越近。

雖然尊重別人的空間需求是重要的，但你也不應做出過多的推斷，畢竟有些人就是喜歡跟別人保持距離，而有些人卻會因為你沒跟他站得很近，而覺得被冒犯了。不同文化的空間需求也不一樣，所以見面前不妨先了解對方的習慣，像在南美洲、地中海以及阿拉伯國家，人們通常站得很近，但是其他國家的人可能偏好較大的距離。最好的做法就是仔細觀察，然後盡量入境隨俗。

官階和地位也會影響個人的空間需求，地位高的人幾乎都不希望別人靠得太近，且期待別人給他們較大的空間。他們會藉由後退，或是身體略偏向一側，或是把手背在後面（這個動作意味著：別碰我或別靠近我），來讓你知道他們的心意。他們有時候會以比較不著痕跡的方式來表現，如果你與某個地位較高的人握手，而他的另一隻手插在口袋裡，僅大拇指伸出口袋，這動作便意味著：「我們是不一樣的，我比你高一等。」（見下頁圖41）大學教授、律師和醫師最常表現出這樣的行為，但你大可不必介意（因為他們或許並沒有那樣的意思），一笑置之就算了。

第七章
縱橫職場的非言語行為技巧

會議分兩種：想解決問題，與不想

我在講授非言語行為的課程時通常會順便提醒學員，**開會分成兩種：白宮式的會議以及大衛營式的會議**。白宮是美國總統辦公的地方，所以這個地方所產生的聯想就是條約、權力、尊崇與繁文縟節；大衛營則恰恰相反，它是美國總統度假的地方，所以跟它有關的聯想是不受打擾和休息充電。歷來很多重大的政策與外交關係上的突破，都是在大衛營完成的，為什麼會這樣呢？其中一個原因是，當人處在一個舒適且不必拘泥於繁文縟節的環境下，多半會覺得心曠神怡。環境會影響心情，這是無庸置疑的。

因此在像大衛營這樣一個輕鬆且不被打擾的優美環境中，自然會孕育出友好和諧的社交氣氛，並能提升溝通與交流的品質（因為不必趕時間），以及**想要解決問題的心**

圖 41

大拇指從口袋裡伸出來是身分地位高的展現，表示：「我們是不一樣的。」

態。這裡的**座位安排也是非正式的：賓客相鄰而坐**（如果是面對面坐著，則很不容易談成任何事情），因為中間的障礙很少，所以他們會非常自在的互相模仿彼此的行為與舉動。與會者可以一起散步（同步與模仿有利於暢所欲言），或是從事騎單車之類的休閒活動，更重要的是，他們可以輕鬆愉快的享用美食盛宴而不是簡便的餐點，天底下還有比這樣的安排更能夠凝聚眾人心意的嗎？

所以理想的會議安排，應該按照我們想要達成的目標，讓它介於白宮和大衛營之間。有時候我們必須度個假，擺脫時間、電話、電子郵件、緊急事件或日常環境的壓力，來個耳目一新的思考方式。但有的時候簡單實用的場地，卻剛好很適合來一個速戰速決的會議。所以大家應留意會議的環境需求，因為研究結果顯示，**環境會影響生產力和心情，甚至是創意**。

很多人都討厭開會，但如果經過適當的策劃與安排，開會反倒可以促進和諧與融洽的關係。人是喜歡聚在一起的群居生物，像我在FBI工作時，往往有好幾個月沒法跟其他同事聚在一起，所以每隔一陣子，我們都會找個時間聚一聚，聊聊彼此的近況或私人生活。孤立與獨立是不一樣的，美國人向來以能夠獨立作業而知名，但孤立則是不健康的，而且搞不好會變成一種病態。許多被派到外地工作的同仁常告訴我，他們很想念這種互動，所以為了凝聚團隊的向心力，最好能夠隔一陣子就聚一聚，讓每個人知道彼此的最新狀況，並提醒大家都是這個組織的一分子。

第七章
縱橫職場的非言語行為技巧

安排開會賺舒服紅利

這次**開會的目的是什麼？其實來開會的人多半心裡有數**，只不過它並不會明文寫在議程上，而且主辦者很少會按照開會的目的預先做好規畫。其實跟開會有關的每件事，都應該按照會議的目的來安排，譬如只有五個人要開會時，就不該把他們安排在一個可以容納二十個人的大會議室裡，安排適當的小空間，反倒更能鼓勵他們開誠布公的討論。

且每件事的安排，都必須以你心目中最重要的那位出席者的方便與舒適做考量，而最重要的則是留意你的來賓與其需求。

像開會時間的安排就非常重要，對你而言很方便的時間，對那些需要長途通勤的人可能未必如此。這時只要先打一通電話確認，就可知道什麼時間對對方比較方便，這個舉動還會令對方感到貼心，並增進會議的和睦氣氛。由於會議的結果難以預料，因此所有的安排要盡量營造出有利於大家開誠布公討論的環境。

地位、空間與輩分之類的社交規範，是一定要留意的。像「皇室待遇」在商場上指的是什麼？它通常包括：提供專屬的停車位、在大型會議中準備其專屬的名牌、備妥貴賓喜愛的飲料、親自到大門口迎接、幫貴賓付停車費用，以及提供專屬的休息室，讓他可以在裡面打電話或使用電腦。

事先打電話詢問對方需要什麼東西，通常花不了多少時間，準備這些東西其實也不必費很多工夫，但是**到時候你得到的「舒服紅利」說不定很可觀**。這些小地方的影響很深遠，所以你必須盡量打造一個讓對方樂於與你共處的環境。

依你的目的來挑選開會場地

開會場所的環境必須充斥著讓與會者感到快樂、活力與生產力的氣氛，所以你應確保場地是整潔且井然有序的，而且準備了充足的物資與必要的設備。要從與會者的角度來檢視會議室是否讓人感到舒服：這個空間能讓人感受到你是個負責任且值得信賴的人嗎？我認識一位主管總是在來賓抵達的半小時前，再次仔細檢查會議室一遍，以確保所有的椅子都整齊的擺放在桌面下，桌面已經擦乾淨，上一場會議的東西也都全部清除。

會議不一定要在會議室召開，我有很多成果豐碩的會議是在咖啡館、露天咖啡座或是在公園裡散步時敲定的（雙方心平氣和的走一走，往往能產生很棒的溝通結果）。選擇開會場所的主要原則，要看你想要達成什麼樣的目標，不過最起碼要挑一個**不會讓人分心的**

安靜場地，而且能夠隨時取得達成目標所需的事物，凡是能夠加快開會程序的事物，都能替會議加分。

記住**我們人類天生會對在動的事物產生反射動作，所以你要留意會場是否有這些干擾**：有人在接聽電話、查看電子郵件、進出或經過會議室。許多人習慣把他們的智慧型手機放在桌上，卻忽略了它一閃一閃的亮光會讓人分心。二〇〇九年二月二十四日，前美國總統歐巴馬在國會發表上任後的首次國情咨文演說時，來賓席中居然有人在使用PDA和手機，這種行為不僅會干擾到別人，而且非常沒禮貌。

你也要留心會議室窗外的活動，我曾經過一間位在一樓的辦公室，它的會議桌就設置在窗戶旁邊，路過的人很容易就會看到裡頭的狀況，我相信參加會議的人一定會被街上不停經過的人所干擾。

許多開放式的辦公室把會議室設在所有活動的核心地帶，這樣的安排乍看之下似乎很棒，但若從非言語行為的角度來看，它的功效恐怕大打折扣：周遭不斷進行的活動很容易讓人分心，而且缺乏隱私會妨礙敏感議題的討論。

每一位商務人士在會議結束時都應該問一個問題：「剛剛跟我開會的那個人，下次還願意來這裡跟我見面嗎？」如果對方回顧這次的會面經驗，結果發現要找到這棟大樓很麻煩、要找到停車位很麻煩、要通過保全很麻煩、上洗手間必須有人陪著去很麻煩、要找到一臺影印機很麻煩，我敢打包票，這個人下次肯定不想再來。

全程啟動行為偵測雷達

與別人開會時絕不可大意，所以請啟動你的非言語行為偵測雷達。既然你事先已經做了萬全的準備，就帶著胸有成竹的信心去見對方吧。進入會議室後，記住要放輕鬆，才能**看出對方是否有任何不自在的表情或行為——這可以得知對方在意的事項或議題**。如果對方做出自我安撫的行為，就表示對方可能有困擾或不安的地方。

不要放過任何一個非言語行為，並特別留意細微的小動作，像我就會**特別注意對方在閱讀合約或其他重要文件時，是否會瞇起眼睛**，那是一個明確的阻斷行為，表示此人覺得某個地方有問題。

越是重要的會議，則越要回歸到非言語行為研判技巧的基本原則。讓你的眼睛和心情都放輕鬆，找尋對方「自在／不安」的非言語行為，以及一定會出現的意向性線索。因為我們的身體會不自覺的洩露我們的感受，從身體的靠近或遠離，就可看出對方是喜歡還是厭惡：看對方的腹面是對著你還是側向一邊？他用眼神或雙腿做成阻擋嗎？他做出了領土宣示，或是其他展現信心的行為嗎？他的腳表現出他想離去的樣子嗎？要觀察對方的全

第七章
縱橫職場的非言語行為技巧

為什麼你邀不到 A 咖？

會議的規畫其實不難，只要貼心的考慮到來賓的舒適與方便就行了，我把它稱之為「麻煩考驗」。

就以我個人的親身經歷來做說明。某大學曾數度邀請我到該校演講，但我每答應一次，就讓自己受罪一次。怎麼說呢？首先，那裡很難找到停車位，而且來賓必須自付停車費；其次，停車場距離演講的地點很遠，這對攜帶許多輔助工具（講義、筆記和電腦設備）的我來說，真是一大負擔。上回我去的時候還不巧碰到大雨，我帶著那一大堆東西在大雨中走了將近 400 公尺，結果東西全溼透了，當時我就決定：「下次我再也不幹了，這真是活受罪。」

我曾聽幾位業者聊起要去拜訪某個新客戶，這時旁邊有人忍不住插話：「那裡不值得去，我上回去過了，到那裡麻煩透了，而且對方給的價錢不夠好。」原本一樁可能成交的交易，就因為麻煩因素而泡湯了。

至於富達投資公司的待客之道可就不一樣了，我曾到該公司演講，對他們禮遇來賓的舉動留下了深刻的印象。來賓到的時候已經有人在大門口等著，然後陪你經過保全櫃檯，保全會幫你保管行李，並問你想喝什麼飲料。他們還特地準備了一間休息室，讓你可以在裡頭打電話，還有一臺電腦可供使用。當你離開時，心裡一定會想：「我下次還要再來。」像這樣貼心的安排，頂多只須動員一個人陪來賓約一小時，算起來並不是很過分的要求，卻能讓客戶留下難忘的回憶。

身，而不是光看他的臉部表情，儘管這恐怕要在沒有會議桌擋住的狀況下才辦得到，但我知道有些陪同列席的與會者，專門負責觀察對方的桌面下行為。人們在開會或互動時會出現的非言語行為很多（如第三章所示），以上僅是其中一小部分。

記住，非言語行為會**源源不絕的**釋放出很多資訊，請好好利用它。對方的一舉一動是你成功的關鍵，關鍵就在於你得好好施展你的非言語行為判斷能力。

安排座位有心機

如果你以為座位安排不重要，不妨去請教白宮禮賓官的經驗談：每一場活動，他都要把座位安排的每個細節檢查三次才能放心；老師也很清楚教室裡的座位安排，攸關學生能否注意聽課及認真討論；就連幫派分子開會，也非常重視座位的安排。

座位的安排要看你打算達成什麼樣的目的而定，所以有的時候很簡單：相鄰而坐或是與對方處於正確的角度，事情就很好談（其原因不詳，不過學者提出了許多假說）。根據研究顯示，面對面坐著，事情往往談不成；但如果雙方並肩坐在一張長沙發上，或是把座椅並排，或是略微斜放而形成一個角度，效果都會比相對而坐好很多。

經常有人問我，能否讓來訪的客人坐在長方型會議桌的首位，這不是不行，不過訪客

第七章

縱橫職場的非言語行為技巧

圖 42

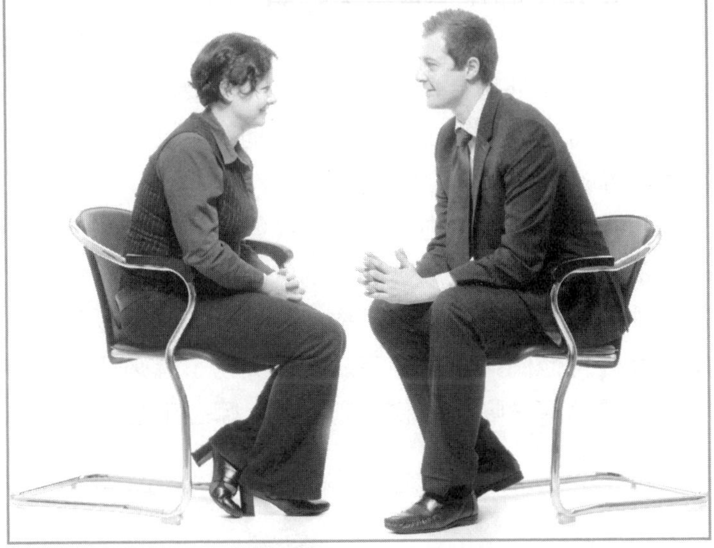

兩個人的身體維持同時向前傾向對方，表示他們相處融洽。這樣的表現有時可能是短暫的（例如為了拍照），若是熱戀中的情侶，則會長時間維持這樣的親密姿勢。

圖 43

遇到不喜歡的人或事情，我們的身體會往後靠，不贊同別人的說法時也會這樣。

看穿小動作，省下大鈔票

有一次我參與兩家外國貨運公司的談判，與會前英國公司的人對我説：「待會我們進去之後先聽聽他們怎麼説，然後換他們聽我們説，而你則負責觀察……。」

我回他説：「那怎麼行，你們可不是花錢找我來坐在這兒看你們談判的，我們是來仔細審閱合約的，而且要字斟句酌，一點都不能馬虎。」他們表示反對，説這麼一來「豈不沒完沒了」，我堅持他們如果想要完成這樁交易，就必須這麼做：「我們必須搞清楚哪些條款他們喜歡、哪些不喜歡，而且要當場解決雙方的歧見。」

後來我們真的這麼做，在審閱合約時，我不斷從桌面下悄悄傳遞紙條給英方的主談人：「這個地方要注意，還有這裡、以及這裡。」我相信法國公司那邊的主談人一定想不透，為什麼我們每次都「猜中」他的想法？

原來他不知道一看到自己不喜歡的句子，就會不自覺的噘嘴。

圖 44

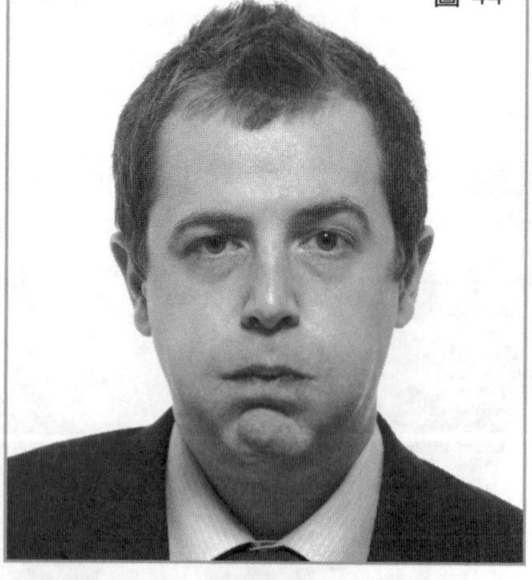

雙頰鼓起用力吐氣能夠安撫我們，當我們感覺如釋重負時（譬如躲過一場意外或是一件不想做的任務），通常會做出這種表情。

（接下頁）

第七章

縱橫職場的非言語行為技巧

到最後，我們避開了很多必須花大錢修改的地方，原本英方為了達成協議還打算讓步，結果這一來意外省下了數百萬美元，他們簡直樂昏了。

這就是學習非言語行為判讀技巧帶來的豐碩成果。

應該會希望你坐那個位子，畢竟會議是在你的地盤上舉行。要解決這個難題有個方法，那就是請你的客人做選擇：「您想坐哪個位子呢？」他們會自行選定或是聽你的安排，但**如果你心中對這次會議早已有盤算——譬如你是負責與對方談判的人——不妨直接告訴對方坐在哪裡，因為這樣的舉動，能夠不動聲色的設定了對方的界線，並且下意識的讓對方認定你就是負責的人。**

如果你想讓對方留下深刻的印象，就安排你最在乎的人坐在你的右邊，與你比鄰而坐。

如果是到對方的辦公室見面，我比較喜歡（我相信你也是這樣）對方請我坐擺放在辦公桌側邊的長沙發，而不要叫我坐在他辦公桌正對面的椅子，這樣不但會讓我覺得自己很特別，也比較不那麼拘束。如果你不打算跟對方好好溝通，那就請對方坐在你辦公桌的對面，因為這張桌子會在你們兩人之間形成障礙和距離，摒除溫馨的氣氛。這個道理很明顯，可是偏偏很多辦公室就是這樣安排的，那樣的安排實在很不得體，除非你就是想要跟對方保持距離。

落落長的會議很該死

我在鳳凰城的調查站服務時，有幸遇到一位很棒的站主任。他最痛恨開會時浪費時間，所以他一**進會議室就先宣布今天我們要花多少時間開會**——通常不超過三十分鐘，接著就把手錶放在桌上。我們每個人都很注意那只手錶、也留意我們自己手上的錶，原本總是開不完的會，突然變得極有效率而且目標清楚。

總之，請尊重參加者的時間寶貴，因此當你在規畫會議時，不妨先請教對方是否有時間上的限制，譬如是否要在幾點前趕搭飛機或火車，或是要趕赴另外一場會議。在會議進行期間，則要留意時間的經過，並在時間快到以前提醒對方：「大約還剩十五分鐘您就得離開了，我們是否能再約個時間繼續討論呢？」

請注意很多地方的時間觀念是很有彈性的，而且對方可能期待你延長開會的時間，好讓每個人都能發表意見，或是讓其他人能夠順便進行一些社交互動。有時候**對方可能邀你在會議結束後一起出去喝一杯，而那裡可能才是真正要談事情的地方**，所以你最好先搞清楚大家期待你怎麼做，然後做好準備。

不露餡的開會禮儀

就算你在某個會議中並非扮演主持人或主講者的角色，也應「善盡」參與者的本分，展現出興致勃勃與充滿信心的非言語行為：**身體向前傾，腹面對著你的老闆或是正在說話的人，雙手放在大家看得見的地方且不亂動**。避免露出心不在焉、咬筆，或是無聊煩躁的舉動，也不要使用PDA或手機（在進會議室前就應關機）以免分心，不要偷窺其他人在做什麼，**更不要私下閒聊起來**。記住，動作是會令人分心的，所以當別人正在說話的時候，請盡量不要動來動去。

兩個人私下閒聊會立刻引起別人的注意，私底下偷偷回覆電子郵件也是。很多大老闆都說，他們最氣在跟大家分享心得時，竟有員工跟別人講話，他們竊竊私語談的事情真有那麼重要嗎？很多人以為這樣做不會被人發現，但其實從會議桌或講臺上，可是看得一清二楚；還有一點值得注意，那就是如果你能夠適時透過非言語行為表示認同演講者的說法，就能加強主講人所傳達的訊息。你只須模仿主講人的肢體語言，就能展現出你們英雄所見略同。

開會時化解緊張場面的十種方法

任何的商業互動都可能造成緊張，談判尤其如此。你不妨利用以下幾種非言語行為來化解緊張：

1. 身體向後傾；讓出一些空間。
2. 不要盯著對方的臉看，不妨把焦點分散在身體的其他地方。
3. 不要交叉手臂，也不要兩手扠腰。
4. 把身體稍稍偏向一側，不要與對方正面對峙，藉由改變彼此的角度，就可降低緊張情勢。
5. 深呼吸，且呼氣比吸氣長些，你根本不必開口叫大家「冷靜一下」，周遭的人也會不由自主的模仿你這個能讓自己鎮定的動作。
6. 暫時休息一下：提議「我需要有點時間好好想想」、「我們先休息一下」、「我需要 24 小時仔細的看過這份文件」。
7. 站的時候兩腿交叉、頭微偏，也有助於緩和彼此間的緊張。
8. 站起來，並且稍稍站開一些，這會產生兩股力量：減少緊張，站立則給你更多的權威。
9. 出去走一走，當你們並肩散步時，比較不會說出難聽的話。
10. 一起喝點東西，分享食物能夠產生信賴、互惠與合作。

第七章

縱橫職場的非言語行為技巧

化解緊張氣氛

如果會場出現緊張的氣氛或尖銳的言辭，事情就成不了，若你覺得緊張情勢不斷升高，得趕緊化解。很多非言語行為可用來緩和緊張的氣氛，替過熱的討論「降溫」。

講電話的動作，對方「看」得見

許多人以為，講電話的時候對方根本看不到我，非言語行為不會在電話上被對方察覺出來，這是誤解。其實講電話時的非言語行為是很明顯的，但人們卻都誤以為對方看不見，於是無法判讀他們的心思。

如果你不相信講電話時的非言語行為會顯露出我們內心的情感狀態，不妨回想一下新聞節目中定期播放的九一一緊急電話，你是否注意到來電者因為承受極大的壓力，而明顯改變說話的語氣、聲調、速度和音量。希望你的商務電話不會出現這樣的情況，所以你要留心傾聽這些要素，同時還要留心對方說話時的口誤與遲疑（啊～、嗯～、喔～），以及雜音（清喉嚨、嗯哼、噘嘴時的吐氣聲、嘶嘶聲，或是嘴唇與舌頭發出的雜音）。**舌頭與嘴巴發出的噪音，乃是成人版的鎮靜動作，就跟小嬰兒藉由吸吮的動作得到安慰一樣。**

當你聽到對方說話時支吾其詞或是出現自我安撫的噪音，不妨把話題繞回到安撫行為開始出現時正在討論的話題：

客戶：「喔，啊——沒問題，下週收到貨也OK啦……。」
你：「那個時間有問題嗎？」
客戶：「呃，其實有點問題，因為我們延遲交貨，所以客戶抱怨得很凶哪。」
你：「如果我們催一下的話應該可以提早三天收到，這樣行嗎？」
客戶：「那太好了，多謝！」

上臺簡報？成功機會來了

透過精心構思與執行的簡報，一個人就能將他的想法散播給其他許多人。使會議成功的所有要素，同樣也是做出成功簡報的要素，只須再考量聽眾的規模與配置就行了。接下來則要介紹一些重要的非言語行為，它們有助於演講者表達令人難忘的訊息。

很多人視簡報為苦差事，但有些人卻覺得輕而易舉，**我已做過數千場的簡報，卻還是會覺得緊張，這並非壞事，因為這樣我才會認真準備**。做簡報是一個能讓你發光發亮的大

第七章

縱橫職場的非言語行為技巧

電話裡的非言語攻防術

- 電話鈴響一兩聲就要接起來，這代表你做事情很有效率，且重視顧客的需求。
- 避免支吾其詞（呃～、好像……、你知道的嘛）或發出雜音（咋舌、用牙縫吸氣發出嘶嘶聲），這樣說起話來才顯得你從容不迫且不拖泥帶水。
- 模仿對方的用語：如果你的客戶說：「我氣死了。」你就別說：「我知道你很不爽。」請使用相同的話語來複述他們的情況。
- 盡量降低背景雜音。
- 音量要適中，當對方提高音量的時候，你反而要降低你的音量。
- 注意長而深的呼吸，這是讓自己鎮定下來的動作，表示：「我要忍耐。」
- 低沉的嗓音聽起來比較有信心。
- 俗話說沉默是金，如果某人說了令你反感的話，你不妨用長時間的沉默以對，這是一個很有力的非言語行為，講電話時尤其管用，可引起對方的注意，就跟在開會時從椅子上站起身來的效果是一樣的。
- 故意停頓一下不講話，因為大多數人都害怕沉默，所以對方會趕緊開口填補這段空白，結果往往會讓他們講出原本不打算說的事情。

好機會，並讓你得以跟大家分享你所知道的事情，只不過你的簡報得做得順利，畢竟沒人想要看到你出糗。雖然聽眾多半不會介意一些意外的狀況，因為他們明白世事就是如此，但是他們的確有權期待你能給他們最棒的簡報。以下是一些做好簡報的非言語行為：

1. 事先做好充分的準備及排練。我每次演講都會**排練十到十五次**，以確保我對自己說的內容有信心，並且能在最棒的狀態下把我知道的東西告訴大家。
2. 選一位你喜歡的演說家當作模範，並模仿他的做法。
3. 提早到達現場，這樣你才能**先認得一些人，等他們在觀眾席中入座後，你就把目光的焦點放在這幾個人身上，這可以幫你放鬆。**
4. 儘早把你需要用到的視聽設備架設好，在過去，我曾兩度遇到投影機的燈泡壞掉，以及一臺電腦完全無法使用的意外狀況，所以先做好準備就對了。
5. 如果你很緊張，大可對聽眾坦白言明，如果是在同事面前就更不必介意了，其實就算是經驗老到的演說家，偶爾也會在一大群觀眾面前表現失常。
6. 善用舞臺，你可以在上頭走來走去，**別一直躲在講臺後面**，沒人喜歡這樣。
7. 經常使用你的雙手和手勢，你可運用對抗地心引力的手勢、降低音量來強調你所說的內容，兩者都可引起聽眾的注意。

8. 不要照著事先寫下的重點宣讀，也**不要把投影片上的內容照本宣科**。

9. 你不妨使用藍色當作投影片的底色，因為這是最討好的顏色。

10. 用你的手指螢幕會比用雷射筆更有力。

11. 如果你真的很緊張，試著用比較低沉的聲音或較小的音量講話，別讓你的聲音拉得太高太尖，因為那會讓聽眾不舒服。

12. 如果是女性，那麼穿著打扮有較大的自由度，不妨利用服裝的顏色吸引聽眾的注意。可能的話不妨從講臺後方走出來，還可用手勢擴大你的領土宣示，以強調你的訊息。女性做簡報時多半會一直躲在講臺後面，也不大使用手勢，這其實是有礙溝通的。

13. 最後一點，**吊聽眾的胃口**，讓他們想要再多聽一些。演講者如果把主題的內容都說盡了，其效果往往不是很好。

盯住群眾中的帶頭叫囂者

要應付一大群人或是對一大群人說話是需要技巧的，如果你有一群友善的聽眾，就比較容易進行一場出色的演說；如果聽眾不友善，不管你講什麼題目，哪裡都不會是個好地方。這也就是**為什麼國家元首總愛選擇在軍事基地發表政策演說**：這群聽眾必須表現出善意，因為總統乃是三軍的最高統帥。溝通需要有個發射者（你），以及一個接收者（聽眾），如果聽眾充滿敵意，他們根本不理會你說什麼。這時你不妨利用別的方式（報紙、新聞稿、網路）傳達你的訊息，或是改對人數較少的聽眾進行演說。

一大群不友善的聽眾有可能變成一群危險的暴徒，只要有人精心設計一些充滿激情的簡單口號，就能煽動他們，並且壓制其他少數聲音。這就是當初發生在東方航空（Eastern Airlines，已於一九九一年破產倒閉）的情況，每次工會召開大會時，會場裡總是充滿激動的情緒。雖然許多退休者以及少數有遠見的員工好意提醒大家，激烈抗爭有可能導致全體失業，但他們的聲音總是被群情激憤的大多數人給淹沒。如果當初每個人願意花點時間好好想一想，或是能夠用祕密投票的方式表決，其結果很可能完全不同。

當時我的許多鄰居都是東方航空的員工，他們告訴我，他們的想法被聲音更大的其他大多數人所淹沒，而那些人其實是受到有心人士的挑撥和操縱。到最後，說話大聲的人雖然贏了，但航空公司也倒閉了，每個人都丟了工作，而退休者的退休金也泡湯了。

找對說話地點

演講者如果聰明的選擇了適當的地點，就可讓其訊息產生令人難忘的效果。譬如美國已故前總統雷根那篇〈戈巴契夫先生，拆掉這堵牆吧！〉的著名演講，之所以能夠引起廣大的迴響，就因為是在柏林的布蘭登堡大門下發表的，對面即是當時的東德。黑人民權領袖金恩博士則是選在華府的林肯紀念堂，發表他永垂不朽的著名演說〈我有個夢想〉，正好與林肯這位也曾替黑人爭取自由的「偉大美國人」前後互相輝映。

前述這兩位演說者，都很巧妙的利用視覺印象強化了他們想要表達的訊息，並讓他們所說的話永遠留駐在世人的心中，而不只是感動當時在現場聆聽演說的聽眾。如果這兩次的演講是在華府某間大飯店的宴會廳中發表的，我相信絕對無法引起這麼大的共鳴。

當你有個重要的訊息想要表達，**先問問你自己，哪裡才是宣布這個訊息的最佳場地**，以及你該如何做出最有力的溝通。講到這裡，我不得不把討論的焦點拉回到最重要的關鍵：你身上，因為一個人表達訊息的力道，跟別人對他的看法其實是息息相關的。所以你平常就應努力打造正確的個人形象，否則你說什麼都不會有人重視或傾聽。你不妨想一想前述美國三大汽車廠的執行長，搭乘私人專機向國會請求金援失敗的例子，這種不得體的行為導致他們的形象敗壞，所以沒有人肯相信他們所說的話。

我在本章中提到的很多事情，都可以用來打造一股期盼的氛圍，讓你的聽眾在你抵達前引頸期盼、在你出現時熱烈歡迎，並在你離去後回味再三。當你的非言語訊息與口語訊息搭配得天衣無縫時，就能產生如此強烈的效果。

營造個人形象已不再是專屬於企業家或公眾人物的特權，在現今這個資訊泛濫且以視覺為導向的世界裡，妥善打理我們出現在每一個場合——包括實體與虛擬——的形象，已經變得越來越重要了。**如果你自己不打理形象，自然有人會幫你動手（上網搜尋一下你的個人資訊，就會明白那是怎麼一回事）**。

形象管理之所以如此必要，乃是拜無所不在且傳播迅速的網路之賜，網路提供了無限多的機會，讓每個人都能夠跟大家分享你的工作成就與心情故事。

面試不出錯的十二要領

再也沒有比應徵面試更讓我們在意形象的場合了，只要熟練非言語行為判讀技巧，讓它成為你的第二天性，你就再也不會為應徵面試感到緊張。你會充滿信心的走進會議室，因為你很清楚自己已經準備就緒，一定會有好的表現。

雇主必須考慮到顧客會如何看待其員工，所以面試時不光會考核你這個人，還要評估你的技能與表達方式是否符合公司的業務。如果不符合也不必難過，繼續再試其他的機會就好了，但我們要避免因為不小心在面試中凸槌，而錯失了原本非常適合你的大好機會。以下這些方法可以確保你的非言語行為表現出正面形象，並為你爭取到最大的錄取機會：

第七章

縱橫職場的非言語行為技巧

1. 預先做好功課。除了仔細研究該公司的財務狀況、網站及媒體報導之外，還得好好發揮你的觀察功力：**如果可能的話，預先走一趟該公司，並與接待小姐聊聊。觀察員工上班時的穿著打扮，或是找一個不會太張揚的地方觀察員工上下班的情況**：這家公司奉行朝九晚五準時上下班制，還是需要超時工作？員工看起來心情愉快還是充滿壓力？員工都穿著正式的套裝還是休閒服？如果大家都穿得很休閒，那麼你去面試時就穿著高一個檔次的服裝即可。

2. 預先想好對方可能會問的問題。人力資源部門的人都受過訓練，能夠分辨來面試的人，對於某個問題的答案是否經過一番苦思，所以你的口語表達必須流暢而不遲疑。**準備好相關問題的標準答案**（譬如為什麼某段期間未就業，或上一份工作是為了什麼原因而終止），以及採取拖延戰術的適當藉口：「我現在手邊沒有詳細的資料，不過我很快就可以提供給您。」

3. 注意細節。很多人力資源部門的主管都提過，面試時至少要做到：穿著乾淨的服裝和鞋子、指甲修剪整齊且沒有藏汙納垢、化淡妝、不要噴香水。如果你有刺青，要小心可能因為這個原因而直接被拒絕（醫藥、食品及銀行業絕不允許），所以你應想辦法遮住刺青，並記住以後也要一直遮住（可參考第四章）。

4. 別忘記要一直保持微笑，微笑很討人喜歡。

5. 面試時感覺緊張是很正常的，你不妨坦言自己很緊張，然後便繼續面試，這樣就算你無意間流露出焦慮感，面試你的人也能夠理解而不會過分介意。
6. 如果有好幾個座位能夠選擇，就開口問對方：「請問我該坐哪裡？」以示尊重。
7. 如果對方端飲料給你，就大方接受；喝點東西有助於安撫緊張的情緒。
8. 表現出專注的非言語行為：坐姿端正且身體稍稍前傾，**兩腳平放在地上**。目光保持輕鬆，但要注視著面試官，因為他通常會一直看著你。只有地位較高的面試官才擁有隨心所欲、想看哪就看哪的特權。
9. 一旦與對方建立了融洽的關係，你就**可以把身體稍稍偏向一側**，因為這個位置比較有利於溝通。即使你這時候在桌面下蹺腳而坐，還是要保持身體略微前傾的姿勢，因為如果你背朝後靠又蹺腳，會顯得態度傲慢。你也可以略微模仿面試官的姿勢，當面試官顯露出輕鬆的神情且背往後靠時，你也可以稍稍放輕鬆。
10. **面試時絕不能接手機**，所以在進去會議室前就要關機。
11. 留意說話時不要遲疑支吾、口齒含糊不清，也不要使用行話或是俚語。
12. 事前一切的準備都是為了讓自己在面試時展現出信心，什麼事都比不上它，就帶著已做好萬全準備的信心進入會場，然後輕鬆的接受面試。

第七章
縱橫職場的非言語行為技巧

我在本章一開頭，就舉了一個如何利用非言語行為，幫助你在危險的狀況下談判成功的例子，當對方想要威嚇你的時候，不妨運用非言語行為來扳回情勢。非言語行為能夠給你力量捍衛你的主張或權利、充分表達你的看法、評估對方對你的觀感，以及加強對方對你的好感。

但是，運用非言語行為的最高境界，是要讓問題公平的解決、達成更有效的溝通，雙方共同努力取得雙贏，而不是犧牲對方的利益來達成你的目標和任務。

不論是會議、談判、各種規模的簡報，或是面試一份工作，你都應該認真思考：怎樣的舉止才能提升我們的表現？如果你能這麼想，就表示你已經取得把非言語行為運用自如的無形力量了。

第 8 章

處理你的、我的情緒問題

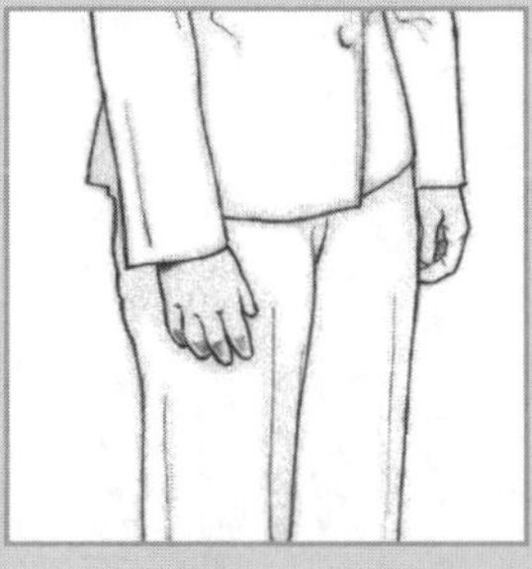

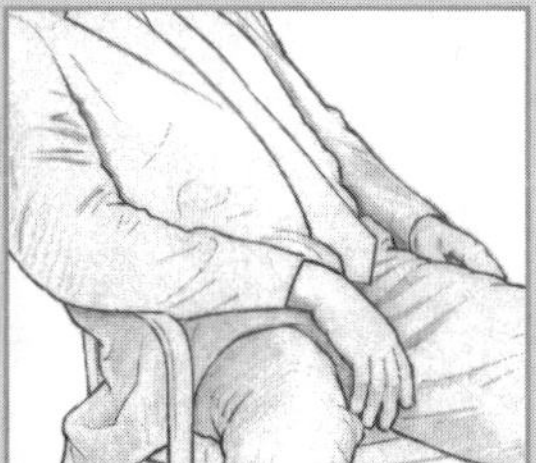

某次我應一家軍事任務承包商之邀前往該公司演講，談關於職場暴力（workplace violence，指與工作有關的肢體或言語攻擊、威脅、強迫、恐嚇，以及各種形式的騷擾）的主題。過程中卻看到臺下有一名聽眾雙手掩面、痛哭失聲，令我大吃一驚，雖然我們剛剛才休息過，但我立即向全場聽眾表示，因為「我有點不舒服」，所以演講必須暫停一下。主持人馬上向我走來並問：「怎麼回事？」我回答他：「我們現在立刻去跟那位老兄談談。」

原來該公司正在進行縮編，而所有人都把怒氣發洩在他身上。一連幾個月來，不斷有人刮他的車門、洩掉輪胎的氣、放話威脅他，甚至把貓狗的糞便放在他的椅子上。但是他從未向任何人訴苦，因為害怕別人笑他軟弱，也擔心自己工作不保，所以他只好一直默默的忍受。

主持人趕緊調派人力資源部門，以及員工協助計畫的代表（Employee Assistance Program，按照員工的需求，提供適當的諮詢建議或安排）陪著他，好讓我繼續演講。

這起事件的當事人，是一名在公司服務數十年的忠實好員工，不幸遭逢心靈創傷而痛苦不堪，他夾在同事與老闆之間，顯然不知如何是好，眼淚當場就一直不停的落在筆記本上。我心想，不知道他過著這樣痛苦的日子有多久了？

這個真實的案例說明，我們往往對別人顯露出來的負面情緒視若無睹，儘管這個人的非言語行為不斷散發出一項重要的訊息：我非常痛苦和難過。

幸好公司後來迅速處理此事，否則情況有可能進一步惡化，導致該名員工服藥或自殘。非常慶幸我們及時阻止了一場悲劇，也替公司免除了後續可能必須面對的法律責任和義務。那是一個值得大家警惕牢記的案例：即使不開口說任何話，我們的身體也會顯露出內心的真正情緒。

留意非言語行為，因為這種習慣可以幫助我們對周遭的事物保持敏感，不必等到對方瀕臨崩潰或爆發的邊緣才伸出援手。**敏銳的非言語行為感知能力，能夠促使人們敞開心胸說出真相**，有時候事情會被隱藏起來並非因為當事人想要說謊，而是因為他們太痛苦了，所以無法談它，人的大腦會透過身體傳達內心的真實感受，只要我們多用點心思，就能夠解讀別人。

第八章
處理你的、我的情緒問題

職場裡，沒有人不會「情緒化」

雖然我們很希望自己在職場裡的表現是理性的，但其實職場裡始終充斥著各種情緒，不信的話，你可以問任何一個曾經捲入辦公室衝突的人：有的人因為把報告直接放在老闆的桌上而惹惱對方，或是因為在辦公室的權力鬥爭裡選錯邊而丟掉工作。

當一天的工作結束時你會記得什麼？你當然會記得自己完成了哪些工作，不過真正讓你牢牢記住這些事情的，其實是你對它們的感受：勝利的快感、瞬間爆發的怒火、坐立難安的焦慮，以及出糗的難堪。

雖然我們很希望把自己的私人生活與工作清楚切割，但其實來自這兩方面的情緒卻會交互作用，根本不可能劃清界線。譬如當年我在坦帕的辦公室裡，獲悉住在邁阿密的祖母過世了，當時我是ＦＢＩ的資深探員兼反恐特警組指揮官，肩負著重責大任，但是聽到從小照顧我長大的祖母過世的惡耗令我心痛極了。直到現在，每當我回想起那天，都清楚記得，雖然我還有很多工作必須完成，但我並不想壓抑我潰堤的眼淚——老實說，是想壓抑也壓抑不了。我認為在遇上這麼重大的事情時，其實沒必要壓抑我們的感情，畢竟每個人都會經歷這樣的狀況。

情緒在職場的作用力十分強大且無所不在，但大多數人卻從未被教導如何處理它們。懂得如何**認知情緒的存在，但不要讓情緒掌控自己和他人**，是非常重要的一件事，這也是提倡情緒智商（ＥＱ）的專家丹尼爾．高曼（Daniel Goleman）所主張的。所以本章特別提供一些有用的策略，幫大家**利用非言語行為判讀技巧，妥善處理上司、部屬、同事以及客戶的情緒，當然最重要的是妥善處理你自己在職場的情緒**。

第八章
處理你的、我的情緒問題

情緒永遠會凌駕思考

關於管理情緒，最重要的基本原則是，我們的腦緣系統在遇上力道夠強的負面刺激時，就會做出凌駕思考的反應：譬如參觀飛行表演的群眾，當飛機向下俯衝時，雖然明知飛機不可能會撞過來，但人群還是會不由自主的走避。還有，不知你是否曾注意到，我們總是在跟別人吵完架之後，才會猛然想起：「剛剛要是怎麼怎麼說就好了！」那是因為我們的腦緣系統，總是在情緒高漲或是感覺生命受到威脅時，「劫持」（或者說接管）神經的活動，這是為了讓我們應付高度情緒化的狀況，警察、消防人員及飛行員也是以相同的方式，做好應付緊急狀況的準備。

我們的腦緣系統對於威脅所做的這種反應，雖然確保了人類在數百萬年來的生存，但是在面對現代的威脅或情緒劇變時卻未必是恰當的，因為現代人往往會由於小販的粗魯無禮、股市的重挫、家裡的問題、惡劣的上司，或其他各式各樣的刺激而突然發火。

腦緣系統的求生機制所演化出來的「靜止」、「逃跑」或「奮戰」這三種反應，原本應當得到我們的敬重，但我們卻很不希望在職場中看到它們。譬如當領導者在面臨危機時顯得不知所措（靜止機制）是不適宜的；同樣的，職場中的逃跑反應也很不恰當，至於爭執、扔東西、打人之類的奮戰行為，當然就更不能被接受了。我們都很清楚某些人就是會

視覺是為生存服務的

雖然在腦緣覺醒的時候，我們最不想做的就是放鬆，但如果你想正確評估對方究竟是生氣、擔心、不甘願，還是想要反抗或挑釁，就一定要先放輕鬆。因為當我們的情緒緊繃時，觀察情勢的能力就會減弱，所以我們必須學會讓肌肉鬆開，才能成為好的觀察者。

做出那樣的表現，我們也明白那絕對是不專業且不值得我們尊敬的行為，我不願意被那樣的人領導，我相信你也不希望。

當我們放輕鬆以後，眼睛就可以看得更清楚；反之，當處於壓力下，視野就會變得狹窄，那是因為我們的腦緣系統下令把保住性命當成第一優先，這時我們的視野——甚至是我們的思考程序——就會被腦緣系統所劫持：非常狹隘的視野是為了清楚評估情勢的危險程度，或是找出一條逃跑的路線。

這也就是為什麼曾經經歷過槍戰或可怕意外的人，事後對於一些微小的特定細節往往記得一清二楚，並且能生動的描述到宛如時間變慢了、歷歷在目。雖然視野變窄能在我們遇到危機時救我們一命，但在職場上卻可能造成大災難，其實不管處於任何環境，如果我們能夠保持在一種「放鬆的警覺狀態」，才會有最好的表現。

第八章

處理你的、我的情緒問題

用眼睛「傾聽」別人的傷痛

當你遇到剛剛經歷重大情緒傷痛的人時，首先要做的就是面對現實，因為此時他們已經無法做適切的思考。讓他們在一個不受干擾的地方盡情抒發情緒，除非對方請你離開，否則你應繼續陪伴在他們身旁，因為有的時候，他們會不好意思開口請求你的陪伴。千萬不要倉促的處理那份情緒，因為你不知道他們承受的傷痛究竟有多大。

記得當年我在波多黎各工作時，有一名員工告訴我她遭人虐待好多年了，說到最後她甚至情緒崩潰，這樣的事情不是好言相勸就能解決的，也不能指望她回到崗位照常工作。雖然當下我們會透過肢體語言表達出我們對那份傷痛感同身受，但還必須用我們的眼睛「仔細傾聽」，才能採取適當的行動。

譬如辦公室裡的某位同事接獲家中傳來不幸消息時，不妨請求人力資源部門，指派專人或是其他有交情的同事前來幫忙；我記得有位同事在獲知孩子發生意外時，就連要做出是否該離開辦公室的決定都辦不到，幸好立刻有人伸出援手開車載她返家。

處理這類事件不宜張揚，千萬不要以為那些剛剛經歷意外打擊或重大創傷的人，還能夠如常的處理一般事務。你如果能夠在這時適時給予部屬慰撫，他們絕對會銘記在心。

對方的「情緒」不是在小題大做

所有的情緒——不論是正面的還是負面的——全都由腦緣系統掌控，而這些情緒又會掌控我們的外表以及對周遭世界的反應。**如果某個人感受到負面的情緒時，這些情緒通常會立刻顯現在臉上，不管原因是什麼，首先要做的事情，就是承認這些情緒是真實存在的，而此人正感受到那樣的情緒。不要假裝沒這回事，也不要把某個人對於某個事件或狀態所做的反應認為是小題大作**，像夫妻間就常因為忽略對方對某個事件的情緒反應，導致雙方失和。

所以，如果你察覺到某件事不大對勁，那就是真有其事。不妨回想一下別人曾對你的情緒反應不當一回事：視若無睹、勸你想開點、教你別那麼孩子氣、嘲笑你的害怕，或一走了之……想到這裡你就會明白，承認傷痛的存在，對於安撫別人情緒是非常重要的。

承認傷痛情緒的確存在，才能和別人展開「一致」的過程。當一家人因為孩子發生意外事故而齊聚在醫院的等候室裡，他們每個人呈現的非言語行為看起來都是一樣的：他們的情緒反應是一致的。其他親屬藉由展現跟傷心父母相同的非言語行為，向對方提供了療傷止痛的支持。所以我們如果想要幫助別人療傷止痛，首先必須承認傷痛的存在。

第八章
處理你的、我的情緒問題

讓非言語行為來替你「說話」

平靜的聲音、或是真誠的擁抱、溫柔的碰觸，都能讓正處於痛苦深淵的人開始療傷止痛。認識我的人都知道，我會毫不遲疑的給遭受喪親之痛的人一個擁抱，因為那正是他們所需要的。我知道有些人認為他們無法擁抱別人，我想對這些人說：「你們錯失了能夠真心幫助別人的機會。」因為「碰觸」真的能夠幫助別人療傷止痛，而且早有眾多文獻證明此言不虛。

我們人類會因為缺少碰觸而失去活力，碰觸對於療傷止痛、發展關係、建立具有同理心的溝通管道，以及展現高EQ，都是非常重要的。人非機器，我們無法只是按一下重新啟動鈕就能恢復原有的功能，我們需要關愛及碰觸給我們力量，如果你想要有卓越的表現，就得學會運用「碰觸」這個強而有力的非言語行為。而且別忘了，不管我們是擁抱別人或只是握住對方的手，我們這麼做其實也是為了自己好。

某次我搭機時遇到一位老太太，她顯得非常緊張，但我因為害怕打擾到她，所以一直等到飛機發出轟隆巨響，並且開始進入滑行跑道時，才放大膽子伸手過去握著她的手，她也緊緊握住我的手，好像我們是認識多年的老友，她雖然不發一語眼睛緊盯著窗外，但手並沒有鬆開。我猜她是因為很少搭飛機而緊張，所以想確定我們真的平安起飛了。當我們終於平安升到空中後，她才放開我的手並且說道：「謝謝你，我之前只坐過一次飛機。」而我也同樣對她表示謝意：「謝謝妳，伯母。」

當時她並不懂我為什麼這麼回答，其實我伸手並不只是為了安慰她，其實也安慰了我自己。因為我才剛經歷祖母過世的傷痛，而且這是我頭一次在沒有家人的陪伴下單獨搭飛機，所以我也很需要溫暖的碰觸。「碰觸」是一個很重要的非言語行為，它可以傳達非常多的情緒訊息，而且能夠幫人療傷止痛。當你出於真誠的時候，不會有人認為你的碰觸是騷擾。

製造一些距離

正面的情緒和悲傷，都需要我們借出肩膀讓人倚靠，或至少給對方一個擁抱，但**負面的情緒則需要距離**。這也就是為什麼生氣的夫妻會向配偶咆哮：「滾開！」雖然那只是當下的情緒反應，不過仍需加以尊重。**當我們感受到負面的情緒時，大腦需要有一些距離展開自我調整程序以回復正常，如果我們的空間被侵占了，負面的情緒會一直持續下去。**

這時就要製造一些距離，像我先前說過的，把身子微微偏向一邊。實驗顯示，人們只要不再正面面對彼此，即使只維持些微的角度，都能夠讓血壓降下來。所以如果一名員工非常激動的走進你的辦公室，例如兩手扠腰、音量飆高、下巴鼓起，這時候你不妨稍微退後一小步，並把身子微微偏向一邊，對方多半會開始冷靜下來。

如果某人因為不滿你所做的某件事，因此怒氣沖沖的走進你的辦公室，他的鼻翼外張、胸膛氣鼓鼓的，這個時候你若還擺出一副滿不在乎的樣子，肯定會令對方火冒三丈，你最好趕緊坐直，認真傾聽對方怎麼說，並且誠心誠意的表示你明白他所說的事。你不一定要認同對方的看法，但你必須表現出你「瞭」他們，而且不會因為他們情緒激動就拒於門外，這時候告訴對方：「我明白了，我也很重視這件事。」是大有幫助的。對方最不願見到的就是你仍自顧自的對著電腦，或是一副無所謂的把背朝後靠，或甚至準備動身出去開會。

第八章
處理你的、我的情緒問題

千萬別叫對方冷靜

千萬別試圖用理性來壓抑情緒而叫對方「冷靜下來」，而要直接面對令他們情緒激動的地方：「我們好好談一談這件事，請告訴我你的想法。」這是一個在口頭上給予對方空間的戰術，你給了對方一個宣洩情緒的體面場所；反之，若是你叫對方「冷靜下來」時，卻是蔑視對方波濤洶湧的情緒。以下是一些能夠安撫對方激動情緒的適當非言語行為。

・好好控制你自己的口語表達：**用較低的聲音慢慢跟對方說話**，這樣不但能夠緩和你自己的激動程度，同時還能把此一效應轉移到對方身上，讓他的情緒也跟著平靜下來，為什麼會這樣？因為人類天生就會尋求體內的平衡或穩定，當我們在自己身上找不到平衡時，就會從別人身上尋找，就像小孩子跌倒後，都會需要父母好言好語的安慰。

・做個**深呼吸，而且呼氣要比吸氣長些**，對方會在不知不覺的情況下跟著你這麼做。這是當年我在海軍醫院受訓時一名醫生教我的，它真的很管用（不管是在急診室，或是有一大群人呼吸急促的地方都行）。與其拚命叫對方「冷靜下來」，還不如由你先開始做這個能讓人冷靜下來的呼吸法，效果會更好。

・如果某人的情緒真的非常激動，不妨重複以下的做法：請對方跟你以同樣的速率呼吸。**讓對方看到你深深吸了一口氣、然後吐氣**，你要認真檢查對方是否跟著照做。只要一點時間，他們就會在你的帶領下逐漸平靜下來，請你務必試試看，這招真的有效。這是經過臨床醫師及很多人測試過的，在催眠狀態下尤其有效。

不過有一點要注意：如果是因為吸毒所引起的情緒失控則要另當別論，這種情況必須由醫生處理，而且需要一段時間才能解決問題。吸食毒品（古柯鹼或安非他命）的人很難保持情緒平靜，碰到這種情況你是幫不上忙的，只能由專業人員提供協助。

盡情宣洩可以耗盡負面情緒

當我在FBI進行偵訊工作時，我學會了**讓憤怒的被訊問人盡情發洩情緒的策略**，雖然這麼做似乎有違常理，但如此一來通常會讓情勢非常快速的平靜下來。此一策略不但比引開對方的注意力更有效，而且對於心中有芥蒂的人，如果能讓他把話說出來，他才會真的心平氣和。

我不只允許被訊問者盡情發洩，甚至鼓勵他們大鳴大放，我會讓他們不斷重複說出心中的感受，把心裡所有的憤怒全部說出來，這麼寬容的尺度是他們絕對料想不到的。我所持的理由是這樣的，我想你或許聽過所謂的熱力學第二定律：所有事物皆傾向於「熵」——亦即所有事物皆傾向於耗盡能量而崩解，而我只不過是**把「熵」的定律應用在情緒上，讓情緒主動耗盡其能量**，一陣子之後被訊問者就會筋疲力竭，再也說不出話來，接下來就換我上陣了。

這時候會改由另外一個定律上場：也就是「互惠」定律。由於先前我給了他們足夠的空間盡情抒發他們的感受，這時候他們通常比較願意回應我的一些簡單要求。當我們從某人那裡得到一樣東西或是一個機會，多半會覺得有義務還對方一個人情，這是靈長類動物延續了近六百萬年之久的一項行為——我幫你梳毛，你也會幫我梳毛；我給你食物，你也會給我食物——如果你肯聽我說話，我就會聽你說。既然之前我已經讓對方說個痛快，現在他就欠我一個人情，這便讓我在問話程序上，取得一些影響力。

運用上述這些策略不但能夠幫助別人回復平靜，還能讓你對他產生一些影響力，這在他情緒激動時是絕對辦不到的。只要你曾經讓對方盡情發洩情緒，並且說出他們的想法，如果輪到你說話時他們又變得抗拒，你就可以說：「我剛才都有好好聽你說話，現在也該輪我說一說才公平嘛！」

鬧情緒的人如何管理？

很多人可能都曾遇過這種情況：某個工作上的歧見竟然引發強烈的情緒反應，或是有人因為壓力過大而在職場中鬧情緒。雖然我們都希望這只是罕

客戶罵人時，別找員工當墊背

以前有個朋友打電話給我，他說有個員工把一位非常重要的客戶給惹毛了：「要是失去這位客戶我就慘了，我該叫那個員工去跟對方道歉嗎？」我建議他最好直接打電話給那位客戶，並讓對方盡情發洩痛罵。

因為，身為老闆的他地位當然比員工高，因此由他親自向客戶道歉，也就顯得對方更有分量，之後再由該名員工寫信向對方道歉即可。

第八章
處理你的、我的情緒問題

見的特例，但如果你的一名部屬經常鬧情緒時該怎麼辦？如果它的發生頻率變成每週一次或是更頻繁的話，又該怎麼辦？

如果你是一名主管，**絕對不能放任部屬把鬧情緒當成慣性，應立刻解決這個問題**。你不妨運用我先前提過的技巧（讓他痛快說出來、深呼吸、用低緩的聲調跟他說話），當場處理這種突然的情緒爆發。你絕不會放任部屬遲到早退、隨便交差了事，或是違反服裝規定，自然也不應容忍他們不時上演突然痛哭失聲，或大發脾氣之類的「爛戲碼」。

有些人會利用鬧情緒逃避責任、逃避批評或藉此不去承受其行為的後果，我也經常目睹罪犯裝哭博取同情，次數多到都數不清了。即使當事人不是出於故意，也絕不能讓大家經常看到他在工作場合裡鬧情緒，否則只會讓這種行為變本加厲。

有人會藉由鬧情緒來控制或操縱他人，所以不能放任這種行為在職場中隨意出現，患有邊緣型人格異常（borderline personality disorder）或是表演型人格障礙（histrionic personality disorder）的人，常會利用鬧情緒與經常性的情緒失控來為所欲為，或是操控他人，你必須留心那些經常在職場上利用鬧情緒來控制別人的傢伙。

很愛鬧情緒的人懂得吸引別人把注意力放在他們身上，令同事覺得他們必須發揮同情心，於是工作受到干擾，其他人甚至會代替鬧情緒的員工做事，而這麼一來只會讓不良行為變本加厲。

我常告訴管理者，**如果有部屬動不動就為小事落淚，一定要讓他獨處，但要給他一個時間限制，而且最重要的是，拒絕當他的觀眾**。你可以給他一盒面紙並表示：「我看得出來你很難過，我先離開，好讓你回復平靜，我會在五分鐘後回來。」千萬不要給他觀眾，尤其如果這是再三出現的行為。

對於經常小題大作鬧情緒的士兵，在部隊裡是這麼說的：「這齣戲回家演給你媽媽看！」這樣的行為不能見容於工作場所，如果情緒失控的行為未見改善，就趕緊幫這位部屬尋求專業的協助。**領導者的工作是帶領大家前進，而不是替人治病**，這一類問題應該交由人力資源部門的人處理。

如何安撫生氣的顧客？

客服工作包含的範圍甚廣，不光只是傾聽顧客抱怨而已。客服的主要精神其實在於評估與解決情緒問題：顧客究竟是生氣還是在跟你爭辯？老實說，兩者其實沒什麼差別。別忘了，我們之前已經說過情緒永遠贏過思考，所以如果顧客的反應「沒道理」，根本不必大驚小怪。只要透過適當的非言語行為——對顧客表示注意和敬意，並且認真傾聽——就能做好客服工作。

我在前面所介紹的處理職場情緒問題的方法，同樣也適用於應付生氣的顧客，不過另外還有幾點也需要注意。

聆聽抱怨是一種專業

指派適當人選負責傾聽顧客的抱怨，是真正消除顧客怒氣的重要非言語行為。我們不妨參考先前曾提過的那個例子，我的朋友讓他的重要客戶把怒氣先發洩在他身上，等對方發洩完之後，再告訴對方：「如果您還有其他的不滿，請務必讓我知道。現在我跟您報告，我會把這件事交代下去，要犯錯的那名員工跟您道歉。」接著那名闖禍的員工便打電話向顧客道歉，之後又送了一張卡片，結果事情圓滿解決。

後來我的朋友告訴我：「這跟我之前學到的處理方法很不一樣，以前我只知道要教那名闖禍的員工直接聽顧客抱怨，然後向對方道歉。」這樣做並沒有錯，但如果站在顧客的立場來看待此事，能夠直接向店經理（而非小店員）投訴，感覺會好很多，這會讓我們覺得說出去的話比較有分量，因為我們是跟某個有權改變情況的高階人員投訴。

顧客很清楚，若不是找正確的人員投訴，結果往往沒有下文。能讓生氣的顧客直接向職位高一階的主管投訴，乃是讓雙方恢復正面關係的絕妙方法，因為這就表示尊重。

決定回應的等級

決定好該由誰負責聆聽顧客的抱怨後，接下來就該決定要做到什麼樣的回應程度：只須做到單一的回應，譬如打通電話道歉即可；還是該透過多重管道回應，像是先打一通電話口頭道歉，之後再親自登門拜訪；或者是複雜的回應，打了電話、登門拜訪、回來之後還寫卡片。總之，回應的程度必須符合情況的嚴重程度，同時也要考慮顧客的身分地位。

如何防止情緒用事

我們已經介紹了正確回應別人情緒的非言語行為，然而，面對自己的情緒，又該怎麼處理呢？我個人一直非常佩服那種面臨生死存亡關頭卻能勇敢視死如歸的戰士，他們居然能在最危險的時候，突破腦緣系統的控制而做出英雄般的反應，令我們相對黯然失色。他們是如何能夠違反數百萬年來，人類為了確保自己生存而延續下來的演化行為呢？這可是大腦的認知思考部分才辦得到的。

其實，你只要運用以下這些技巧，也能學會不聽腦緣系統的命令。

第八章

處理你的、我的情緒問題

練習違反直覺

不論是士兵還是FBI探員，都被教導在**遇上埋伏時，千萬不可以蹲下或撤退（靜止或逃跑），而是要直接衝向敵人**，這時候如果逃跑或尋求掩護則必死無疑；但如果直接衝向敵人，就算敵人擁有優勢，也會因為沒料到你會反擊而措手不及，或讓敵人無法瞄準，甚至有可能引起敵人產生腦緣反應（因意外而不知所措，或因害怕而逃跑），雖然這樣的做法聽起來好像違反直覺，但它真的管用。

受訓者剛開始會對此戰術存疑，但是經由反覆的「立即反應演習」，他們終能克服正常的腦緣反應，並學會以正面的反應對付負面的刺激，至於專業人士又該怎麼做呢？答案稍後即會揭曉。

接受事實：捉狂本就是常態

首先你要承認，不管是哪一天，都可能會遇上一些挑戰，令你產生憤怒、焦慮、悲傷、輕蔑或鄙視的腦緣反應。如果你氣得說不出話來、不知如何是好，或是癱坐在椅子上無法站起身來，都不必大驚小怪。而且你還要知道，雖然我們的某些腦緣反應是心理層次的，但有一大部分會透過生理表現出來，而且是可以管理的。

因此，你已經知道腦緣命令的重要性了，也懂得如何對自己和別人進行認知管理，所以就這場心理遊戲而言，你已經比別人領先一大步。

「預演」情緒災難防治計畫

假設你的上司或老闆是個蠻橫不講理的人，讓你每天都非常的生氣、難過、精疲力竭，與其意圖逃避或希望這種事情別再發生，倒不如採取**反直覺的做法：明白這些事情是躲不掉的，於是事先做好應對的準備**——出現哪種狀況時，我該如何應對。這是由你自己一手策劃的「立即反應演習」，你要想出一整套的因應做法，好對付你那欺負人的老闆，或是任何有可能對你的情緒造成威脅的人或情況，下回一有類似狀況出現，你馬上可以回應以自保。

這套做法可以當作你的行為範本，必要的話先在家演練好，不管是找朋友陪你練習，還是自己對著鏡子練習，總之要練到滾瓜爛熟。

不論你是決定泰然處之，或是置之不理，只要你認為方法有用，都應該放手一試。**要處理情緒性的非言語行為，其實就是讓自己保持冷靜，同時給對方開一條路讓他也冷靜下來**。如果什麼事都不做，任憑緊張的情勢或惡劣的情緒繼續升高，對誰都沒好處，甚至有可能導致雙方的關係決裂，或暴力相向。一個人在面對逆境、謾罵和侮辱時，如果能夠泰然處之並保持冷靜，才是給對方最有力的反擊。

你應該妥善運用你在本書中學到的非言語行為以及腦緣系統的知識，讓自己能夠應付未來發生的任何狀況。我們可以訓練自己，讓自己看起來堅強且果斷，相信我，我必須這麼做，每一位FBI探員在遇到危險時也都必須這麼做。我們身上穿的制服和警徽這時候幫不了忙，每個人唯有靠著堅忍的意志和訓練才能克服逆境，變得堅強和屹立不搖。

說到情緒這件事，它跟一個人的聰明才智或是學問高低是無關的，而是在於能否正確處理大腦裡掌管情緒、非邏輯的那個區塊，讓它保持平穩與和緩。如果我們在憤怒的狀態下衝動行事，或是用言語激怒對方，到頭來終究會被自己犯下的錯誤所傷害。如果我們不幫忙受傷的人療傷止痛，就是未善盡我們身為社會性生物的責任，從而可能在日後傷害我們自己及別人。非言語行為的力量，最能夠發揮的地方便是處理人的情緒問題，與別人進行良好的溝通。

練習在烏煙瘴氣中找笑點

你可以設法從忙碌的工作中抽出一點時間讓自己開心一下，去對抗生活中的眾多負面壓力來源。我看到許多擁有最新科技享樂產品的人，獨獨缺少幽默和歡樂。我說的幽默和歡樂並不是指講笑話或惡作劇，而是指在遇到逆境時，懂得如何調適、分享及反應。現在，能夠樂在工作及樂在生活的人越來越少了。

我們在ＦＢＩ工作時，多半面對這世界上比較陰暗層面的事情，所以一定要把幽默和快樂注入自己承辦的案子裡，否則根本做不下去。幽默是我們用來紓解壓力的法寶，每天想辦法找件有趣的事情做，就算只是在早餐時跟人聊聊，或是做件可笑的蠢事，都有助於紓緩緊張的情緒，並且讓我們有個輕鬆的時刻。

我有個案子一連辦了十年，某些人可能會覺得這是件單調乏味的苦差事，但我卻能想法子從中找到好玩的地方，譬如想想涉案的關係人或局裡的長官因此案所做過的一些蠢事，或講過的一些蠢話，用這些事情讓自己笑一笑。當時局裡有位十分厲害的情報分析員叫做馬克·瑞瑟，我的工作成就有很大一部分要歸功於他的分析支援，他現在還在ＦＢＩ服務，是個非常聰明且工作認真的人，從未遺漏任何細節。當我們倆還是工作搭檔時，就講好一定要從所做的每件事中找到值得開心的事，讓工作變得充滿樂趣，即使到今天，我們跟對方通話時仍舊可以不斷爆出笑點。

曾經有長達好幾個月的時間，我跟馬克為了那個案子從早忙到晚，一天總要工作十幾個小時，不僅得面對總部長官的緊迫盯人，還有來自國防部和國安局的關愛眼神，非得弄出點結果來。如果不是自己想辦法替工作添加一點幽默的成分，我們是絕對撐不下去的。

第八章

處理你的、我的情緒問題

事實上我們看到其他人失敗，正是因為幽默和樂趣從未進入他們的工作領域，他們總是**愁眉苦臉的處理每件案子，結果每件工作都變成重擔**。

有位朋友告訴我，幽默如何幫她以及她的同事度過公司被併購的難關：「公司被別人併購了，許多人遭到裁員，留下來的人則必須搬到新的辦公室上班。我還記得搬家那天，公司裡到處擺放著大型垃圾收集箱，東西不是被打包就是要扔掉。快中午時資訊部的工程師來拆除電腦，這時我們差不多就無事可做了，所以我們決定訂披薩來吃。

「我們大夥都聚集到某人的辦公室裡，在那空無一物的房間裡吃喝笑鬧，並回憶過去幾年來我們曾做過的瘋狂事情。大家輪流說起某些蠢蛋主管或自大客戶的笑話，還有某次在開會時因為不准笑而憋得快要瘋掉的往事，我們還模仿了一些人的動作，大家簡直快笑翻天了。當然我也記得那天的傷心事，我們一邊打包、一邊擔心未來的前途茫茫，不過我這輩子從未像那天一樣笑得那麼開懷。」

「幽默」與「歡樂」是非常有力的工具，能夠幫我們度過情緒低潮，我總是告訴大家，設法從你做的事情中找到這兩樣寶貝，否則你會覺得生命很悲慘。從別人的公司或是從每天發生的蠢事中找到它，總之想辦法找到就是了，否則，到最後，你的人生或許獲得很大的成功，卻只有少少的樂趣。

學者保羅．艾克曼博士及其助理已經發現到，當人們做出一個負面的臉部表情（譬如悲傷）時，他們的大腦就會把那個表情內化，使得他們的心情跟著變糟。因為這樣的生理構造，使得我們的情緒會隨著我們微笑或皺眉而改變，並隨著我們生命中的人和狀況所帶來的情緒浪潮而起伏，我們不應否認我們的情緒，因為它們是隨著這些反應而自然傳送到我們的身體。

但如果我們一直任由情緒掌控——不論是別人的情緒還是自己的情緒——都會讓腦緣系統不停主宰大局。**我們應當努力讓我們的感受力與思考力達到協調，非言語行為能夠幫助我們遊走在中間地帶，既能表達與評估情緒，卻又不致讓腦緣系統做出過度的反應。**準備好一套應付緊急事件的招數，讓我們得以正面的方式應付逆境，我願意以前FBI反恐特警組指揮官及商務人士的身分作見證，非言語行為判讀技巧曾幫助我以及許多成功人士，勇敢面對威力強大的情緒與更可怕的事件。

這正是消防人員能夠每天完成其任務的原因，也是全美航空公司的機長薩倫伯格在二〇〇九年元月，成功讓引擎壞掉的飛機安全降落在哈德遜河上的原因：他們控制了自己的理性思考能力與展現出適當的非言語行為，成功訓練自己在遇到緊急事故時能臨危不亂，讓其他人（市民與機上的乘客）能從他們身上得到安全。只要我們無視害怕而勇敢行動，就能夠獲得了不起的結果。

第 9 章

如何識破騙局？

訊問程序在還算平靜的狀態下開始，被偵訊的對象是位女士，她以一種直言無諱的態度回答探員開頭的幾個問題。但隨著面談的進行，她卻開始顯得坐立不安，可是根本還沒提到這次訊問行動的主題——她在一樁詐領公款案中的涉案情況。總之，在開頭四十分鐘輕描淡寫的問話過程中，她不但越來越緊張和坐立不安，而且還有點心不在焉，這些全都是充滿警戒心的行為，暗示她相當具有犯罪意識。

這些行為看在FBI探員的眼裡，簡直就像鯊魚嗅到血腥味一般如獲至寶。最後問話的探員終於忍不住挑明了說：「妳好像有重大的事情想要吐露，就痛快的說出來吧，我會向上級力挺妳非常合作的。」對方如釋重負的表示：「太好了，我緊張死了，我不知道該怎麼啟齒，因為我剛剛只放了一小時的停車費，眼看時間就快到了，但是我實在不想被開罰單。」

看到了吧，歡迎你進入我的世界！我就是那位聰明蓋世、明察秋毫的FBI探員，因為別人已經事先告訴我，這位女士可能涉及詐領政府公款的案子，而且我也正確的判讀了她的非言語行為，於是我自做聰明的把這些資訊連結起來，並且想當然耳的推斷她是在掩飾犯行。

可惜事實並非如此，當我們前往停車計時器補放了數枚銅板（我出的錢）再回來繼續問話後，她的態度就回復正常了。事後證明是有人偷了她的證件，並用來冒名盜領政府開立的支票。

我希望大家都能記取我從這個事件學到的教訓：**因欺騙而顯現的行為，與因為緊張所產生的行為，其實是很難區別的。**會造成緊張的原因五花八門，像是不喜歡負責問話的人、所處的環境、問話的本質、問話侵犯到隱私，以及干擾了日常生活。

每個人見到我時所問的第一個問題都是：「我們怎樣才能識破騙局？」

看穿說謊者的三大困擾

不過你也不必因為我所說的這一番話，就放棄仔細端詳任何一個與你有業務往來的對象。透過非言語行為判斷對方究竟是泰然自若、還是惶恐不安，這個方法的好處就在於鼓勵觀察者盡量提問，譬如你正打算找個可靠的人替你投資，你肯定會有一堆問題想要詢問對方。如果這是個老實人，他絕對很樂意回答你的所有問題，而且會詳細說明；但如果對方在傾聽或回答問題時顯露出不安的樣子，你就應該提高警覺。如果某人給了個避重就輕的答案，你的非言語行為偵測雷達就應立刻發出警訊；又如果你請對方提供一些推薦人的名單，而他卻只是小聲的說：「我會請他們打電話給你。」你就應產生疑慮，並設法在稍後再繞回到這個話題上，重新攻擊一次他的心防。

說謊者都知道該說些什麼，但他們通常不會察覺自己因說謊而產生的情緒，他們會忘記強調重點，也不會做出對抗地心引力的動作，更忽略了所有顯示熱情與信心的非言語行為。如果你正與一個想要從你那裡取得金錢的人談話，當你們討論到你要在虛線上簽名時，你卻只看到對方難掩興奮之情的非言語行為，我建議你要非常小心。因為我認為對方熱烈的情緒應當是表現在回答所有問題上，而且不應支吾其詞或含混帶過。

說謊者通常有三大困擾：（1）聽到一個討厭的問題；（2）得小心處理這個問題，並想出一個適切的答案；（3）真的開口出聲來回答這個問題。如果你與某個想要從你身上取得東西的人談話時，察覺對方在以上任一種狀況中出現不安的神色，我建議你最好別再繼續談下去，並表示：「請給我一天的時間考慮。」**如果對方要求你現在就做決定，那你務必趕緊離開現場，因為這正是歹徒慣用的伎倆。**

不自在的神情或動作，是我們用來判斷與表達負面情緒的常見方法，它已經沿用數百萬年之久，並且牢牢的連結在我們身上，所以可信度很高。當我們察覺到不自在的神情或動作時，馬上就知道事情有點不對勁，如果你提出的問題令對方顯現出不安的神情或行為，你應當為自己高超的非言語行為辨識能力感到高興，因為這證實此一能力的確對你的生活很有幫助。切記，當你心中對某事有所懷疑，或是覺得天下不可能有免費的午餐時，請立刻轉身離去。

破解騙局與察覺不安

你或許會認為，像我這麼一個學習非言語溝通將近四十年的老手，又曾長期在FBI服務，還有什麼事能夠逃得過我的法眼呢？但其實要看穿騙局並非易事，而且單憑非言語行為判斷某人是否在說謊的準確率，也不像一般人所想的那麼高。本章一開頭所介紹的例子應當已經充分說明，即使是訓練有素的調查員，也可能會有看走眼而誤判的時候。

很多研究也顯示，一般人看穿騙術的命中率未必高過丟銅板碰運氣。就連我認識的頂尖FBI探員中，頂多也只能將看穿騙術的機率提高到六四比，所以一般人，即使是專業的執法人員，測謊的命中率約莫是一半一半而已。這使我得出這樣的想法：誰會願意被某個命中率只有五成的人盤查、審度或評斷呢？更何況就連最高明的測謊專家，都還有高達四成的機率會猜錯！我想你肯定不願意接受這樣的安排，這也就是**我們不會把觀察的焦點放在識破欺騙的主要原因**。

所以我在FBI學院授課時，總是教學員要觀察所有的行為，**重點則放在對方是否出現「自在／不安」的行為，因為其中隱藏了眾多訊息，你得進一步探究**，而不是就此認定誰在說謊。

如果你硬要把觀察的重點放在對方是否欺騙，恐怕會有一個問題：那就是除非我們手上已經握有充分的證據，否則真的很難在與某人對話或面談時，確實得知對方隱瞞、更改、添加或杜撰了哪些資訊。誠如我在《FBI教你讀心術》一書中所述，研究已證明：**我們每個人每天在很多方面都沒講實話，我們可以不假思索的睜眼說瞎話**，像是：「告訴對方我不在家。」或是：「我在辦公室已經捐過錢了。」我們在很多方面都說了假話，以至於某位作家甚至提出：「說謊乃是社交專用的求生工具。」的名言，對於習慣性說謊的犯罪者而言，它其實已經成了一種特有的行為模式。

雖然我們每個人或多或少都曾撒過謊，不過並非所有的說謊行為都應該被指責，因為有的時候我們的確是出於善意而說謊。

譬如丈夫某天半夜偷偷溜出家門，而且很晚才回到家，他的老婆於是嚴詞逼問他去了哪裡？丈夫結結巴巴的表示車子出了問題，太太生氣的說：「你這藉口太老套了。」三週後，丈夫送太太一份生日禮物，是他下班後兼差賺外快的收入買的，那個晚上他偷偷溜出去就是為了挑禮物，而且他的確在返家途中車子拋錨。太太收到禮物時驚訝極了，卻也非常開心，並且為自己當時發了那頓脾氣而覺得不好意思。指控配偶說謊是最嚴重的侮辱，它會在對方心中投下一道陰影，而且很難去除。

有時候我們也會為了掩蓋令人傷心或難為情的事實而說謊，此一情況經常發生在醫生與病人之間，譬如，某位病人堅持不願透露，他曾有過不當的性行為或有吸食服用某些東西的習慣，導致他的健康狀況陷入危險。羞愧感是促使社會團結的一項有力工具，但羞愧感會導致我們不能、不敢說實話，因為我們害怕說出某些事情會招致別人的排斥，因而在這股強大的凝聚力逼迫下，做出傷害自己的事情。我認識一位海軍高官，就因為被人發現他配戴了一枚並非自己贏來的作戰獎章，他不能承認自己說謊，於是羞愧自殺。

有時候我們會為了掩飾一件錯誤的行為而說謊，但其實過去做的錯事跟我們現在的情況根本不相干。有些犯罪行為則因為過了法律追訴期而不再追溯，幸好如此，否則你我可能就要因為高中或大學時期的劣行和惡作劇而被起訴。過去做的這些錯事雖然跟你現在的處境無關，但你終究逃不過自己良心的譴責，像我曾在一九六五年，從一家商店順手牽羊拿走一樣小東西：一只兩英吋高的塑膠玩具兵，但直到今天我還是覺得很過意不去。

我們一定會被騙——除非你曾有過經驗或是事後得知，否則永遠也不會知道自己被騙——所以我們必須更有效的運用非言語行為判讀能力。但除非你是在犯罪現場鑑識、法醫這類必須取得絕對真相的領域工作，否則以大多數的情況而言，如果找出真相的機會極其渺茫，大可不必耗費如此大量的工夫尋找。

我建議商務人士把焦點放在辨識「自在／不安」的行為模式，並找出有用的情報即可，而不須把它當成一項剖析犯罪行為的工具。畢竟對商務人士而言，情報才是幫助他們在商場上成功的重要利器。**與其硬要搞清楚某人是否在騙你，倒不如透過仔細的觀察與傾**

聽，釐清究竟是什麼原因讓對方表現出不安的行為，對你的事業會更有幫助。

判讀肢體語言是為了解決不安

假設你替我工作，某個週五下午我走進你的辦公室並且說：「行銷簡報提前到下週一中午舉行，我知道現在才通知你有點趕，但我真的需要你這個週末來加班，把簡報做好。」你回答說：「沒問題，我會把它弄好。」於是我說：「太棒了！謝啦！」說完還對你微笑，你也對我回以微笑，於是我放心的離開了，心想這下子事情搞定啦。

如果我只留意接收到的口語訊息，那麼我就會放心離去，以為一切沒事，但如果我有認真運用非言語行為判讀技巧，就會看出更多端倪。我會看到你聽見我說的話時，眼睛快速眨了幾下，並且匆促的別過頭去。你的牙齒咬住嘴唇，眉頭也皺起，而且一直到你回我話的時候仍舊皺著。我還注意到你說話時有些遲疑，而且聲調平平的。我注意到你的微笑是一種禮貌性的「社交式」微笑，因為嘴巴是閉上的，而非朝眼睛的方向上推。

上述這些非言語行為全都顯示：你對於我剛剛說的話非常不舒服，現在就讓我把整個對話再倒帶一次，並用非言語行為判讀技巧重新檢視一番，就能看出對話的內容和品質出現了什麼樣的變化——

第九章

如何識破騙局？

我：「行銷簡報提前到下週一中午舉行，我知道現在才通知你有點趕，但我真的需要你這個週末來加班，把簡報做好。」

你（眨眼、別過頭去、眉頭皺起）：「沒問題，我會把它弄好。」

我：「太棒了！真的很感謝你，不過你也得好好休息一下，所以我們就先講好你來加班的時間吧。」

你（因意外而揚起眉毛）：「那我就明天早上十點到下午三點來加班吧，如果弄不完，就下週一早一點進辦公室把它搞定。」

我（微笑）：「那就這樣囉，真的多謝啦！」

你（回我一個微笑）：「別客氣，我們會把事情做好的。」

這一次的對話把雙方在意的每個面向全都挑明，並且逐一解決，成功的讓部屬明白你在意他的感受。這是一次面面俱到的溝通：雙方的想法和感受不光是透過語言表達出來，同時也藉由非言語行為釋放出來。這也是一次達到目的的有效溝通，而有效溝通乃是做生意的必要條件。

所以，商務人士學習非言語行為判讀技巧的重點並不是非要搞清楚：「這人是不是在騙我？」而是要看出：「這人百分之百的自在嗎？」如果不是，是什麼原因造成的？你現在應當已經明白，**與其因為對方顯露出不安的非言語行為，就一口咬定他一定是在騙人，還不如搞清楚是什麼原因造成他不安，然後解決這個不安，反倒對你更有助益。**

不安的人會……

記住當你在觀察非言語行為時，你要看的是基準行為的突然變化。透過心平氣和的觀察，你就能在與同事或客戶進行互動時，看出及聽出口語表達的弦外之音。以下這張檢查表，可以幫助你分辨什麼是不安的非言語行為：

- 視線阻擋，包括快速眨眼、觸摸眼睛或眉毛，這些動作往往稍縱即逝，只在當事人接收到不愉快資訊的當下顯現出來，正因為如此，它們算是可信度非常高的指示行為。
- 下巴往內縮，這是缺乏信心的樣子。
- 皺眉頭，這是擔心、壓力、不認同的表情。
- 咬嘴脣表示焦慮，抿嘴則是在壓抑負面的情緒，噘嘴顯然是不滿的樣子，舔嘴脣是一種安撫行為，用力吐氣是為了釋放緊張情緒。
- 整理服裝儀容：鬆開衣領或領帶透氣、遮住或觸摸脖子，都顯示了當事人的不安；

撥弄手錶、項鍊或耳環是安撫行為；把外套的釦子扣上是阻斷行為。

・用手蹭腿、雙臂交叉且緊握手臂、搓揉手掌或雙手十指交扣、或手指互搓，這都屬於安撫行為。

・雙手擺放在別人看不到的地方，或是用手握住椅子的扶手（一種靜止反應）；雙手舉起掌心朝上攤開，是祈求別人相信的動作。

・單肩聳起可能代表缺乏信心。

・交叉雙腿，這表示他想把自己擋住；腳突然動起來，開始抖動、輕搖或從抖動變成踢，都表示不喜歡這話題；或者腳本來在抖的，突然變得不動（靜止行為）。

・說話遲疑或是語調缺少高低變化。

・清喉嚨。

・以微弱的聲音答話或緊張的發抖。

說謊的人通常會顯露出這些非言語行為嗎？沒錯，但即使是沒有說謊的人，若因為某件事處於有壓力或緊張的狀態下，同樣也會出現這些反應。如果你因為超速或是沒繫安全帶被警察攔下來，也可能會出現這些反應。這也就是為什麼我會建議大家參考上述的檢查表，來找出對方「自在／不安」的線索，並詢問對方一些問題，以去除他的不安。你要像對待家人一般，以尊重和關愛的方式在職場上進行這些工作，如果事有蹊蹺，它們會先從非言語行為顯現出來。

直擊再旁敲側擊的詢問技巧

你要如何鼓勵員工進行高品質的溝通？不妨先從開放式的問題著手（開放式的問題不能只回答是、不是，或是在有限的選項裡頭挑答案），要求他們提出正面的細節報告。

假設我們全都坐在會議室裡，並由每個人輪番報告其負責專案的進展，在這樣的會議中，主持會議的你不妨宣布：「好，現在我們來看莫菲案，德瑞克，這個案子的情況如何？」接著就讓被點到名的人說話，你則在一旁觀察和傾聽，你是否看到及聽到對方顯露出興奮之情而且充滿信心？還是你看到他顯露出檢查表中所列舉的靜止、安撫、阻斷行為，或是語氣遲疑呢？如果是後者，不管他說什麼，你都可以斷定事情並未按照應有的進度順利進行。

不論會議討論的主題是什麼，如果你看到不安的非言語行為出現，除非時機適當，否則你不宜當場挑明，為何如此？首先，你必須證明你看到的情況是正確的，所以當你一看到不安的非言語行為出現時，**就要想辦法把話題繞回剛剛在討論的事情**。比方說你正和某個廠商在說話，你說：「我很高興你們能趕在這一天交貨。」但是你看到那名廠商的眼睛瞇了一下，你們又繼續聊了一會兒，然後你再度回到先前那個話題，以確認你沒有看錯：「喔，對了，你們公司對於交貨日期有沒有困難呀？」並仔細觀察對方是否再度出現有壓力的非言語行為。

我們通常對於負面的感受會是前後一致的，所以如果對方真的感到不安（此處即是交貨日期），那麼它會一再出現。說不定這個時候他在你的好意邀請下，就會勇敢說出他的顧慮，如果他用堅決的口氣回答：「沒有問題。」你就可以比較放心，代表他之前的瞇眼動作有可能是因為腦中另有其他想法，譬如他忽然想到交貨當天他正好出差不在，而不是因為交貨有困難。

不管是一對一的談話，或是一群人在討論，你都可以從頭到尾運用非言語行為判讀技巧，一段時間之後，你就會像了解自家人一般摸熟同事的非言語行為，並且能夠像閱讀一本書似的輕鬆看穿他們的心事。

摸清同事的非言語行為，這麼做所產生的淨效應是：你將能對人展現出同理心，會希望每個人都能得到正面的結果。不過在問問題時要注意輕重的拿捏，對人感興趣和好奇的詢問，與咄咄逼人的盤問是截然不同的。當問話得體時，顯示你在乎細節且掌控全局，你能引發善意並促進大家開誠布公的表達想法，因而得以更好的方式解決問題。畢竟，如果對方隨口答應你在某天交貨，結果卻未如預期，對誰都沒好處。

你也可以透過良好的問話技巧引出內心的問題：「珍妮絲，傑佛森那個案子目前進行得如何了？」「喔，有在進行呀。」但你注意到珍妮絲說這話的時候嘆了口氣，而且還搔了搔她的額頭，之後才笑說：「我們正在處理這個案子！」於是你說：「很好，那妳有遇到任何困難嗎？」（因為你注意到她剛剛露出了阻斷的行為，而且說話的口氣不大肯定，所以你就把話題繞回去，請她開誠布公的說出真心話。）

「老實說，我們現在是有點手忙腳亂啦，因為財務部的預測數字一直沒有下來，我真希望比爾能盡快把試算表給我。」珍妮絲說話的時候用力嘆了口氣，於是你說：「多謝妳提醒我關於財務部的事，如果需要的話，我可以打電話給比爾。」

珍妮絲：「不用了，我已經處理了，雖然時間有點趕，但我們會如期完成。」（有力的說法）於是你說：「很好！那我們就訂週五再來確認一下進度，我想確保財務部有做完他們該做的事。」珍妮絲：「太好了，謝謝！」

你發現一名認真努力的員工遇到了難題，但如果你沒有進一步追問，她很可能就不會講出來。幸好在你的追問下，讓一個跟財務部有關的問題曝了光，你並為此增設了一個檢查點，以確保案子能夠如期完成。你讓你的部屬說出心裡的話，讓她有機會開口求助，也讓你對她的工作能力更加肯定。如果你的非言語行為判讀雷達沒有打開，這些問題有可能被發現嗎？或有可能得到正面的結果嗎？

想必前述的例子已讓大家明白，如何透過詢問特定的問題，得知形成非言語行為的真正原因。

只要你能夠讓某個人開始說話，你就可以藉由問對方比較特定的問題，而蒐集到更多的特定資訊（包括言語及非言語兩方面）。假設你與我剛剛完成一項交易，我們雙方都迫不及待想與對方合作，但是生意中免不了會有一些歧見，如果雙方能夠先把問題攤開在檯面上討論，就可以預先解決，讓後續的事情一路順暢。

你可能會問我：「對了，這個計畫送到你們公司的法務部門會不會有問題？」這時你會仔細觀察及傾聽我的回答，之後你談到別的事情，然後又換個方式再問一次：「你們公司負責執行的員工，沒問題吧？工程部也OK吧？」說不定你將發現法務部門沒問題，但工程部似乎不大喜歡這個計畫。也有可能計畫本身沒問題，卻被法務部門拖延了三個月，以至於工程部門只有一週的時間做評估，因此我的非言語行為顯示我覺得憂心忡忡。看來，我和你的生意所剩下的唯一問題就只有時間緊迫這一項。你得詢問特定的問題，才能挖掘出比較深層的細節狀況。

我以前就使用詢問特定問題的技巧，讓一位朋友說出心中真正的想法。當時我應邀前往某地演講，我詢問主辦單位是否可以帶一位朋友當我的來賓一起參加活動，邀請我的主人爽快的答應了。當我們後來再度碰面為該場活動的拍板定案做討論時，我問：「你有收到某某要跟我一起出席這場演講的通知嗎？」對方回答：「有啊。」但是我注意到他說話時眼睛瞇了一下，於是我表示：「是嗎？太好了，他能來真的太棒了。」對方小聲的附和：「對啊，能見到他真好。」

我見狀便接著問一個比較特定的問題：「喔，對了，請他以我的貴賓的身分來，究竟有沒有問題啊？」對方邊摸著脖子回答說：「呃，因為飯店把價錢提高了，所以參加者的早餐和午餐餐費變成一百美元。」

現在我才搞清楚整個狀況：首先，我原本以為餐費是由主辦單位支付，但其實它是另外按人數收費的；其次，費用超出主人原本的預期；第三點，雖然主人基於人情願意支付該項費用，不過心中多少有了一些芥蒂。

幸好我及時提出疑問，這才明白他們給了我一個多大的人情，以及我該提供多大的回饋才不失禮。要是當時我沒詳加追問，只是傻乎乎的以為事情就像我想的那樣，甚至還白目的表示要再多帶幾位賓客來，真不敢想像對方會把我看成是什麼樣子的爛人，幸好這件事情最後是以皆大歡喜的結局落幕了。

我希望本章所舉的例子能夠告訴大家，商務人士可以運用非言語行為判讀技巧挖掘出有用的情報，而不必執著於判定某人是否在說謊。如果你像某些人一樣立志當個真人測謊機，硬要看穿別人是否在說謊，恐怕只會吃力不討好。這麼做既會耗費大把時間，還會搾乾你的情緒，令你看起來像個「偏執狂」，搞不好還會替你惹來無謂的訴訟官司。

本章一開頭介紹的「停車費計時器事件」永遠提醒著我：不管我多麼深入研究這個主題，這世上永遠都還有很多很多的東西需要學習，因為人生和人的樣貌可說是千變萬化，所以一個人絕不可能看透所有的真相。而且除了法醫這個領域之外，有時一**味的追究真相反倒會偏離正題。商業追求的重點在於解決難題及改善關係以獲得成功，非言語行為判讀技巧則是能幫大家達成這兩個重點目標的利器。**

結　語

解決難言之隱，
贏在行止之間

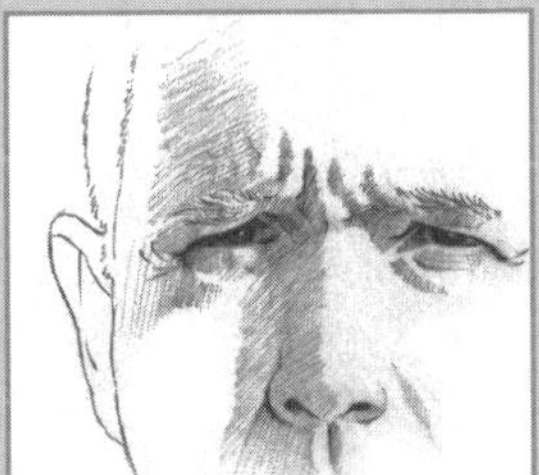

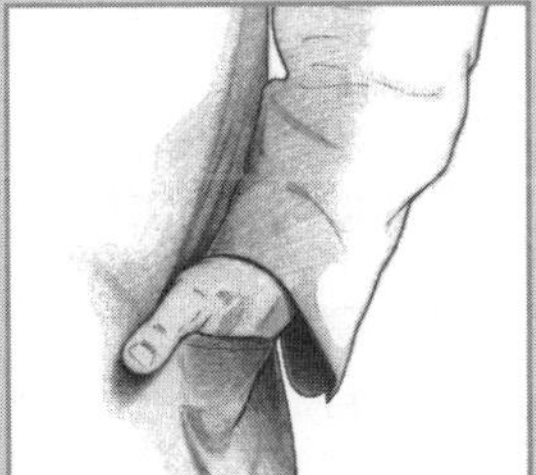

我曾合作過的一位客戶，幾年前開始跟我上一對一的家教課程，他覺得學習及運用非言語行為判讀技巧，就像「發現並啟動一座不為人知卻儲滿生命資訊的水壩」。他發現，自從學會這個判讀技巧之後，不管面對任何一種人或情況，他都能隨遇而安且處之泰然：「是的，我相信情況就是這樣，因為我能夠感受到，所以事情還是可以進行下去。」要是以前，他就會覺得被某種人際關係的狀況給牽制住了。

我想這可能是社會規範與現代匆促的生活步調所造成的，忙碌的生活型態壓抑了我們與周遭世界深入接觸的天生本能，迫使我們對身邊許多明知該有所行動的事情（別人發出的非言語行為訊號）視而不見，不過成功人士卻能做出行動。

當我與年輕的專業人士談話時，我都會問他們這個問題：「假設你是老闆，你會僱用或提拔哪種人？是那種做事不牢靠、外表邋遢，永遠都搞不清狀況的人嗎？還是你會選擇做事認真勤奮、衣著入時、胸有成竹而且總是替意外作好準備，代表你們公司出去又很體面的人呢？」我相信答案應該非常明顯。

但接著我會再問他們：「你認為要怎麼做，才能擁有這些吸引人的特質呢？」這下可就把大家給問倒了，因為這並不像一般人所想的，以為只要打扮得體、做事有條理、擁有傲人的學歷與專業技能就夠了。我們都知道某些人很聰明但一直懷才不遇，還有一些人則是恃才傲物，沒有人願意與之共事；相反的，有些出身寒微的人，卻能夠令別人樂於為他做任何事，他們完全是靠著自身的努力而成功。

結語

解決難言之隱，贏在行止之間

成功人士普遍擁有一項特質：不論做任何事，他們的行動與作為都是成功的，而且他們的成就有一大部分得歸功於高超的非言語溝通能力，他們敏銳的觀察周遭的世界，正確判讀別人的行為，所以能夠**比別人早一步看出端倪。他們非常清楚自己的非言語行為會傳達出什麼樣的訊息，並為自己取得優勢**；又因為他們能夠察覺或看到別人沒發現的機會，所以很少會措手不及。他們時時謹記希臘哲人亞里斯多德的名言：「人是因自己重複的作為而變成那樣的人，所以卓越不是一種行為，而是一種習慣。」

成功人士與普通人不同的地方在於，不論做什麼事，他們的態度、能力、果斷、作為和自信，都不斷散發出成功的訊號，告訴大家：他們是可靠的，大家儘管放心。

任何一個人都可以用嘴巴說：「你們可以相信我。」但這些話若拿來跟那些用行動具體展現其可信度的人相比，是起不了作用的。這也就是為什麼我們必須非常留意非言語溝通，因為別人並不會光憑我們說的話就相信我們，必須靠我們的作為才能贏得他們的信任，可惜大多數人並不明白這個道理，我們如何待人接物與自處，才是能否成功的關鍵。

我寫這本書是為了要跟大家分享最廣義的非言語溝通的科學及藝術，它含括的範圍並不僅止於表情和肢體語言，而是泛指所有能夠與他人有效溝通的事物，並運用這些事物，來改變自己以及我們想要影響的人。非言語溝通技巧若運用得當，能發揮獨特的力量，且是成功人士日常作為的精髓。

最棒的是，人人都能擁有非言語行為判讀技巧，而且懂得運用的人就能擁有力量，並不是非得有錢或有學問的人才能運用，它是人人都懂的共同語言——令你高人一等的那種語言。就某一方面而言，非言語行為判讀技巧跟良好的禮節一樣：做得對並不保證你一定成功，但做得不對卻一定會害你被扣分。

願意運用非言語行為溝通技巧的人若能每天練習，假以時日，一定能夠獲益。行為可以強化我們的承諾，並透過與他人更豐富的互動關係，來擴大我們的人生經驗，我們的生命將變得更有意義，因為我們越來越清楚周遭很多事物的意思。

我寫這本書是為了要跟大家分享，如何更完美的觀察人生，並透過非言語溝通讓生命變得不同。人的行為堪稱千變萬化、精微玄妙且十分複雜，但只要我們了解並加以運用，就會變得更有意義。當我們用這個極富啟發性的方式來看待世界時就會發現，每個人身上都有值得發掘的美麗、潛能與細微差異。我希望你能夠更理解非言語行為判讀技巧，並按照它的本意加以運用：判讀、了解及協助他人，然後對他們產生正面的影響。

國家圖書館出版品預行編目（CIP）資料

FBI 教你讀心術 2：老闆、同事、客戶不說，但你一定要看穿的非言語行為，讓你的職涯從平凡變卓越。／喬・納瓦羅（Joe Navarro）、東妮・斯艾拉・波茵特（Toni Sciarra Poynter）著；閻蕙群譯 .
-- 二版 . -- 臺北市：大是文化有限公司，2022.09
320 面；17x23 公分 . --（Biz；402）
譯自：Louder Than Words: Take Your Career from Average to Exceptional with the Hidden Power of Nonverbal Intelligence
ISBN 978-626-7123-85-0（平裝）

1. 職場成功法　2. 讀心術　3. 行為心理學

494.35　　111010204

Biz 402

FBI 教你讀心術 2

老闆、同事、客戶不說，但你一定要看穿的非言語行為，讓你的職涯從平凡變卓越。

作　　者／喬・納瓦羅（Joe Navarro）、東妮・斯艾拉・波茵特（Toni Sciarra Poynter）
譯　　者／閻蕙群
封面、內頁攝影／吳毅平
美術編輯／林彥君
副 主 編／馬祥芬
副總編輯／顏惠君
總 編 輯／吳依瑋
發 行 人／徐仲秋
會計助理／李秀娟
會　　計／許鳳雪
版權經理／郝麗珍
行銷企劃／徐千晴
業務助理／李秀蕙
業務專員／馬絮盈、留婉茹
業務經理／林裕安
總 經 理／陳絜吾

出 版 者／大是文化有限公司
臺北市 100 衡陽路 7 號 8 樓
編輯部電話：（02）23757911
購書相關諮詢請洽：（02）23757911 分機 122
24 小時讀者服務傳真：（02）23756999
讀者服務 E-mail：haom@ms28.hinet.net
郵政劃撥帳號：19983366　　戶名：大是文化有限公司

法律顧問／永然聯合法律事務所
香港發行／豐達出版發行有限公司　Rich Publishing & Distribution Ltd
地址：香港柴灣永泰道 70 號柴灣工業城第 2 期 1805 室
Unit 1805, Ph.2, Chai Wan Ind City, 70 Wing Tai Rd, Chai Wan, Hong Kong
電話：21726513　　傳真：21724355
E-mail：cary@subseasy.com.hk

封 面 設 計／林雯瑛　內頁排版／吳思融、Winni
感謝大英國協教育資訊中心及 Benedict Charles Young、Emily Taylor 老師協助攝影
印　　刷／鴻霖印刷傳媒股份有限公司
二 版 日 期／ 2022 年 9 月
定　　價／ 399 元（缺頁或裝訂錯誤的書，請寄回更換）
I S B N／ 978-626-7123-85-0
電子書ISBN／ 9786267123867（PDF）
9786267123874（EPUB）